化学工业出版社"十四五"普通高

U0663914

UG NX 12.0
三维造型基础

任国成　潘悦飞　主编

化学工业出版社

·北京·

内 容 简 介

《UG NX 12.0 三维造型基础》是为高等院校机械及相关专业本科人才培养三维造型课程教学而编写的教材。本书按照从三维造型基础知识、主流三维造型软件功能操作，到三维造型思路与应用实例的顺序编写。本书主要内容包括：绘制二维图形的方法和技巧、实体建模、三维建模技巧、曲面设计的方法和技巧、参数化模型、组件装配设计的基本方法、工程图的创建方法、机构仿真设计、典型零件的模具设计技巧。

本书可供高等院校机械、材料及相关专业教学使用，也可供机械设计相关专业技术人员参考。

图书在版编目（CIP）数据

UG NX 12.0 三维造型基础 / 任国成，潘悦飞主编
. -- 北京：化学工业出版社，2024.7
ISBN 978-7-122-44693-0

Ⅰ. ①U… Ⅱ. ①任… ②潘… Ⅲ. ①机械设计 - 计算机辅助设计 - 应用软件 Ⅳ. ① TH122

中国国家版本馆 CIP 数据核字（2024）第 107652 号

责任编辑：李玉晖　战河红　　　　装帧设计：孙　沁
责任校对：王鹏飞

出版发行：化学工业出版社
　　　　　（北京市东城区青年湖南街 13 号　邮政编码 100011）
印　　装：大厂回族自治县聚鑫印刷有限责任公司
787mm×1092mm　1/16　印张 12¼　字数 241 千字
2025 年 10 月北京第 1 版第 1 次印刷

购书咨询：010-64518888　　　　　售后服务：010-64518899
网　　址：http://www.cip.com.cn
凡购买本书，如有缺损质量问题，本社销售中心负责调换。

定　　价：52.00 元

前　言

作为制造业工程师最常用的、必备的基本技术，工程制图曾被称为"工程师的语言"，也是所有高校机械及相关专业的必修基础课程。在现代制造业中，工程制图的地位正在被一个全新的设计手段所取代，那就是三维造型技术。随着信息化技术在现代制造业中的普及和发展，三维造型技术已经从一种稀缺的高级技术变成制造业工程师的必备技能，并替代传统的工程制图技术，成为工程师们的日常设计和交流工具。与此同时，各高等院校相关课程的教学重点也正逐步由工程制图向三维造型技术转变。本书即为高等院校机械及相关专业应用型本科人才培养三维造型课程教学而编写。

三维造型是一项包含机械制图、计算机辅助几何设计、造型思路与技巧、CAD/CAM 软件功能操作以及实际应用经验等多方面内容的综合技能，因此其内容绝不仅仅是软件的功能操作，更重要的是透彻地理解这些功能，并在正确的造型思路指导下运用这些功能。因此，本书在内容安排上对三维造型技术中的核心功能及其通用操作方法进行了筛选、归纳和总结，并结合造型思路讲解了这些功能的应用方法。在此基础上，围绕 UG 软件中三维造型、二维制图以及装配这 3 个核心模块，讲解这些功能的具体操作方法、操作要点和应用思路。同时，为使读者能切实掌握使用 UG 软件进行三维造型的思路、方法与技巧，本书还列出了丰富的实例，并制作成演示动画，读者可以扫描本书二维码查看。

本书作者从事 CAD/CAM/CAE 教学和研究多年，本书内容集成了作者多年来在三维造型应用技术方面的教学、培训及工程项目经验，希望能够为读者进行 UG NX 三维造型技术的学习提供一本好的教材和工具书。

本书由任国成、潘悦飞担任主编并统稿全书，参加本书编写的还有衣冠玉、马海龙、范小红、倪菲、李婷婷、林涛、郑伟、黄丽丽等，研究生李丞阳、吕云帆参与了部分文字稿的校对及电子资源的制作工作。山东建筑大学的徐淑波教授对全书进行了认真审阅。本书在编写过程中还参考了有关教材及相关文献资料，并征求了行业相关专业人士的意见，在此对上述人员一并表示感谢。

由于编写时间有限，本书不妥之处在所难免，敬请读者不吝指正。

编者

目 录

第 1 章
UG NX 12.0 概述

第 2 章
草图设计

第3章
特征构建

第4章
特征操作及编辑

第 5 章
装配建模

第 6 章
工程制图

第1章

UG NX 12.0 概述

Unigraphics（简称 UG）软件源于美国麦道公司，是面向制造业的 CAD/CAM/CAE 高端软件。UG NX 软件广泛应用于航空航天、汽车、机械及模具、消费品、高科技电子等领域的产品设计、分析及制造，被认为是业界极具代表性的数控软件和模具设计软件。目前几乎所有飞机发动机和大部分汽车发动机都采用 UG 进行设计，UG 在模具设计行业中具有极高的普及率。

UG NX 软件不仅具有强大的实体造型、曲面造型、虚拟装配和生成工程图等设计功能；而且在设计过程中可进行有限元分析、机构运动分析、动力学分析和仿真模拟，提高设计的可靠性；同时，可用建立的三维模型直接生成数控代码，用于产品的加工，其后处理程序支持多种类型数控机床。另外它所提供的二次开发语言 UG/Open GRIP 和 UG/Open API 简单易学，可实现多功能，便于用户开发专用 CAD 系统。UG 面向过程驱动的技术是虚拟产品开发的关键技术，在面向过程驱动技术的环境中，用户的全部产品以及精确的数据模型能够在产品开发全过程的各个环节保持相关，从而有效地实现并行工程。具体来说，UG 软件具有以下特点：

① 具有统一的数据库，真正实现了 CAD/CAM/CAE 等各模块之间的无数据交换的自由切换，可实施并行工程。

② 采用复合建模技术，可将实体建模、曲面建模、线框建模、显示几何建模与参数化建模融为一体。

③ 用基于特征（如孔、凸台、型腔、槽沟、倒角等）的建模和编辑方法作为实体造型基础，形象直观，类似于工程师传统的设计方法，并能用参数驱动。

④ 曲面设计采用非均匀有理 B 样条作基础，可用多种方法生成复杂的曲面，特别适合于汽车外形设计、汽轮机叶片设计等复杂曲面造型。

⑤ 具有强大的出图功能，可十分方便地从三维实体模型直接生成二维工程图。能按 ISO 标准和中国国家标准标注尺寸、形位公差和汉字说明等，并能直接对实体做旋转剖、阶梯剖和轴测图挖切生成各种剖视图，增强了绘制工程图的实用性。

⑥ 以 Parasolid 为实体建模核心，实体造型功能处于领先地位。目前著名 CAD/CAM/CAE 软件均以此作为实体造型基础。

⑦ 提供了界面良好的二次开发工具 GRIP（Graphical Interactive Programing）和 UFUNC（User Function），并能通过高级语言接口，使 UG 的图形功能与高级语言的计算功能紧密结合起来。

⑧ 具有良好的用户界面，绝大多数功能都可通过图标实现；进行对象操作时，具有自动推理功能；同时，在每个操作步骤中，都有相应的提示信息，便于用户做出正确的选择。

Unigraphics CAD/CAM/CAE 系统提供了一个基于过程的产品设计环境，使产品开发从设计到加工真正实现了数据的无缝集成，从而优化了企业的产品设计与制造。为制造型企业提供了全面产品的全生命周期解决方案，是先进的产品全生命周期管理（PLM）软件系统。UG 软件被当今世界上许多领先的制造商用来从事概念设计、工业设计、详细的机械设计、工程仿真和数字化制造等。UG 为各种规模的企业带来了显而易见的价值——将产品迅速传递到市场，使复杂的产品设计简单化，减少产品成本和增加企业市场竞争力。UG 软件在航空、汽车、模具和家用电器领域应用非常广泛，正在成为我国 CAD/CAM/CAE 系统的主流软件。

1.1　UG NX 12.0 功能模块简介

UG NX 12.0 包含一系列应用模块，可支持不同的工作流，如创建部件、构建装配或生成图纸。NX 的各功能是靠如下所示各功能模块来实现的，不同的功能模块实现不同的用途，从而支持其强大的 Unigraphics 三维软件。

当打开部件时，NX 将会在上次保存该部件的应用模块中打开它。创建部件时，NX 将根据用户选择的模板启动相应的应用模块，通过功能区中的应用模块选项卡在应用模块之间切换。下面简单介绍 UG NX 12.0 中的常用模块。

1.1.1　CAD 模块

UG 复合建模模块无缝地集成基于约束的特征建模和传统的几何（实体、曲面和线框）建模到单一的建模环境内，在设计过程中提供更多的灵活性，用户可以选择最自然地支持设计意图的方法。

CAD 模块包括 UG/Gateway（UG 基本环境）、UG/Solid Modeling（UG 实体建模）、UG/Features Modeling（UG 特征建模）、UG/Freeform Modeling（UG 自由曲面建模）、UG/

User-Defined Features（UG 用户自定义特征）、UG/Drafting（UG 工程制图）、UG/Assembly Modeling（UG 装配建模）等功能模块。

（1）UG/Gateway（UG 基本环境）

基本环境提供一个交互环境，有打开已有的部件文件、创建新的部件文件、保存部件文件、创建工程图、屏幕布局、选择模块、导入和导出不同类型的文件以及其他功能。该环境还提供强化的视图显示操作、屏幕布局和层功能、工作坐标系操控、对象信息和分析，以及访问联机帮助。基本环境模块是执行其他交互应用模块的先决条件，是用户打开 UG NX 12.0 进入的第一个应用模块。

（2）UG/Solid Modeling（UG 实体建模）

实体建模模块无缝地集成基于约束的特征建模和显式几何建模，具有集成于一个高级的基于特征环境内的传统实体、曲线和框线建模的功能，实体建模使用户能够方便地建立二维和三维线框模型，扫描和旋转实体，进行布尔运算及参数化编辑，包括快速有效的概念设计、变量化的草图绘制模块及通用的建模和编辑工具。实体建模模块是最基本的建模模块，也是特征建模和自由曲面建模的基础。

（3）UG/Features Modeling（UG 特征建模）

这个模块提高了表达式的级别，因而可以在工程特征设计中提供对建立和编辑标准设计特征的支持，包括变形的孔、键槽、型腔、凸垫、凸台及全集的柱、块、锥、球、管道、杆、倒圆、倒角等，也包括实体模型抽壳操作以建立薄壁对象。已经存储的用户定义特征也可以添加到设计模型上，特征可以相对于任一其他特征或对象定位，也可以被引用阵列拷贝。

（4）UG/Freeform Modeling（自由形状建模）

该模块主要用于创建复杂形状的三维模型，如沿曲线的一般扫描，因此能够进行复杂自由形状如机翼和进气道的设计，以及产品的工业设计。UG/Freeform 自由形状建模为实体和曲面建模提供一个功能强大的工具集，包括沿曲线扫描，从标准二次锥方法的放样体，通过一个曲线 / 点网格定义形状对逆向工程任务拟合建立形状模型等。自由形状建模功能也是评估复杂模型的形状、尺寸和曲率的有效工具。

（5）UG/User-Defined Features（用户自定义特征）

该功能可以对一个已构造的参数化特征模块化进行处理，它利用标准 Unigraphics 工具构建，定义特征变量，建立参数间关系，设置缺省值。UDF 驻留在一个可以存取的目录中，当构建自定义特征时，设计者可以调用该特征工具，在一个 UDF 被加到设计模型之后，它的任一参数可以使用正常的特征编辑手段进行编辑，可以按 UDF 原来创建者的设计意图建立特征。

（6）UG/Drafting（工程制图）

UG/Drafting 工程制图模块能够以实体模型为基础绘制产品的工程图。基于 Unigraphic 的复合建模技术，UG/Drafting 建立与几何模型相关的尺寸，确保在一模型改变时，工程图将被及时更新，减少图更新所需的时间，视图包括消隐线和相关的横截面视图，当模型修改时也是自动地更新，自动的视图布局能提供快速的图布局，包括正交视图投射、截视图、辅助视图和细节视图。UG/Drafting 支持在主要业界制图标准 ANSI、ISO、DIN 和 JIS 中图的建立，它由基于图符的图创建和注释工具，利用由 UG/Assenigly Modeling 创建的装配信息方便地建立装配图，快速地建立装配分解视图，无论是绘制单一工件图还是装配和组件工程图，UG/Drafting 都可以有效减少工程图生成的时间和成本。

（7）UG/Assembly Modeling（UG 装配建模）

UG 装配过程是指在装配过程中建立部件之间链接关系，它是通过关联条件在部件之间建立约束关系来确定部件在产品中的位置。在装配中，部件的集合体是被装配引用的，而不是被复制到装配中，不管如何编辑部件，在何处编辑部件，整个装配部件始终保持关联性，如果某部件被修改，则引用它的装配部件也会自动更新，从而反映部件的最新变化。

UG 装配模块不仅能将零部件快速地结合为产品，而且在装配中可参照其他部件进行部件关联设计，并可对装配模型进行间隙分析、质量管理等操作。生成装配模型后，可建立爆炸视图，并可将其引入到装配工程图中，同时，在装配图中可自动生成装配明细表，并能对轴测图进行局部挖切。

1.1.2 CAM 模块

根据建立起的 3D 模型生成数控代码，用于产品的加工，其后处理程序支持多种类型的数控机床。CAM 模块提供的加工模块包括车削、可变轴铣削、固定轴铣削、切削仿真、线切割等。

UG NX 系统提供了多种加工复杂零件的工艺过程，用户可以根据零件结构、加工表面形状和加工精度来选择合适的加工类型。在每种加工类型中包含了多个加工模板，应用各加工模板可快速建立加工操作模型。

在交互操作过程中，用户可在图形方式下交互编辑刀具路径，观察刀具的运动过程，生成刀具位置源文件。同时应用其可视化功能，可以在屏幕上显示刀具轨迹，模拟刀具的真实切削过程，并通过过切检查和残留材料检查，检测相关参数设置的正确性。

UG NX 提供了强大的默认加工环境，也允许用户自定义加工环境，选择合适的加工环境。用户在创建加工操作的过程中，可继承加工环境中已定义的参数，不必在每次创建新操作时重新定义，从而提高工作效率，避免重复劳动。

1.1.3 CAE 模块

UG 软件的 CAE 模块具有强大的工程分析能力，CAE 模块包括 UG/Scenario for FEA（UG 有限元前后置处理）、UG/Scenario for Motion（UG 运动机构）、UG/FEA（UG 有限元解算器）。在有限元分析模块中，可对零部件模型进行分析和优化；在运动模块中，可按部件模型进行机构运动分析和动力分析。

除了以上介绍的常用模块外，UG NX 12.0 还有其他一些功能模块。例如，用于钣金设计的钣金模块（UG/Sheet Metal Design）；用于管路设计的管道与布线模块（UG/Routing、UG/ Harness）；供用户定制菜单的 UG/Open Menu Script 模块；供用户构造 UG 风格对话框的用户界面设计模块（UG/Open UIStyler）；供用户进行二次开发的，由 UG/Open GRIP、UG/Open API 和 UG/Open++ 组成的 UG 开发模块（UG/Open）；以及数据交换模块、快速成型模块和由检验、检测与逆向工程组成的质量工程应用模块等。

以上各种模块几乎涵盖 CAD/CAM/CAE 各种技术，构成了 UG NX 12.0 的强大功能。本书主要介绍基本环境、建模、制图以及装配四个模块，重点是建模模块。

总体来说，UG NX 12.0 具有以下几大特点：

• 更人性化的操作界面。UG NX 12.0 将以往弹出的烦琐对话框最大力度地集合在了一起，使用户在使用时可以将更多的设置在尽量少的对话框中完成。UG NX 12.0 的新用户界面还包括增强的、角色定制的界面，可以帮助企业根据用户功能和专门知识提供适当的 NX 命令。

• 完整统一的全流程解决方案。UG NX 12.0 系统无缝集成的应用程序能快速传递产品和工艺信息的变更，从概念设计到产品的制造加工，可使用一套统一的方案把产品开发流程中涉及的学科融合到一起。

• 数字化仿真、验证和优化。利用 UG NX 12.0 系统中的数字化仿真、验证和优化工具，可以减少产品的开发费用，实现产品开发的一次成功。用户在产品开发流程的每一个阶段，通过使用数字化仿真技术，核对概念设计与功能要求的差异，以确保产品的质量、性能和可制造性符合设计标准。

• 知识驱动的自动化。使用 UG NX 12.0 系统，用户可以在产品开发的过程中获取产品及其设计制造过程的信息，并将其重新用到开发过程中，以实现产品开发流程的自动化，最大程度上重复利用知识。

• 系统的建模能力。UG NX 12.0 基于系统的建模，允许在产品概念设计阶段快速创建多个设计方案并进行评估，特别是对于复杂的产品，利用这些方案能有效地管理产品零部件之间的关系。在开发过程中还可以创建高级别的系统模板，在系统和部件之间建立关联的设计参数。

1.2 UG NX 12.0 界面及基本功能设置

学习 UG NX，必须先了解 UG NX 的工作环境、常用工具以及基本元素等，这些是进一步学习的基础，也是开展正式工作的前提。在学习 UG NX 之前要对其基本操作有一个比较全面的了解，UG NX 12.0 使用了与日常使用的 Office 办公软件的操作相似的 Ribbon 窗口界面，也就是所谓的带状工具条，该界面大幅度减少了工具条在窗口中的占用比例。下面主要从 UG 界面设置、UG 基本环境设置、UG 基本操作等方面进行介绍。

1.3 UG 界面设置

下面以实例的方式介绍如何进入 UG 界面，进行 Ribbon 工具条的操作和界面设置。

1.3.1 UG 的启动与界面操作

选择"开始"→"所有程序"→"Siemens NX 12.0"→"NX 12.0"菜单，打开如图 1-1 所示的界面，即成功启动了 UG NX 12.0 软件，可以看到 UG NX 12.0 的 Ribbon 界面。

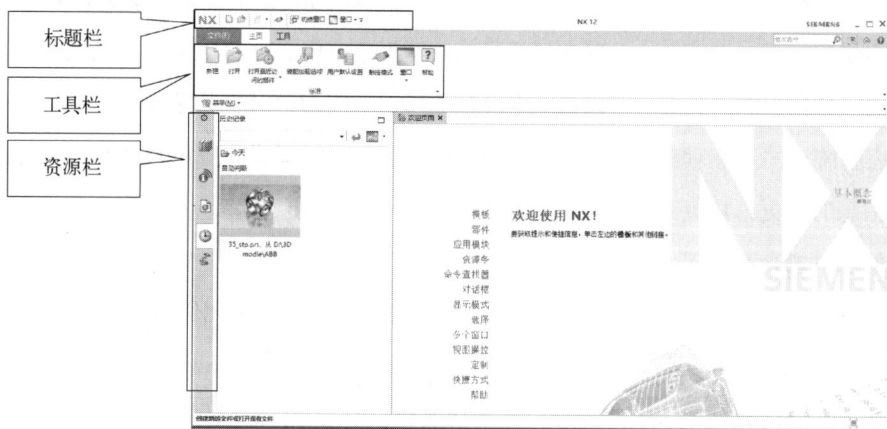

图 1-1　UG NX 12.0 界面

在"主页"选项卡中单击"新建"按钮，打开如图 1-2 所示的"新建"对话框。首先在"模板"面板中选择"模型"，然后单击"文件夹"右侧的按钮选择文件路径，并输入模型"名称"为 demo.prt，单击"确定"按钮进入 UG 建模界面。UG NX 12.0 的建模功能将在第2 章继续介绍。

1.3.2 UG 建模界面

软件界面新建文件后，就进入了软件操作界面。UG NX 12.0 建模界面如图 1-3 所示。

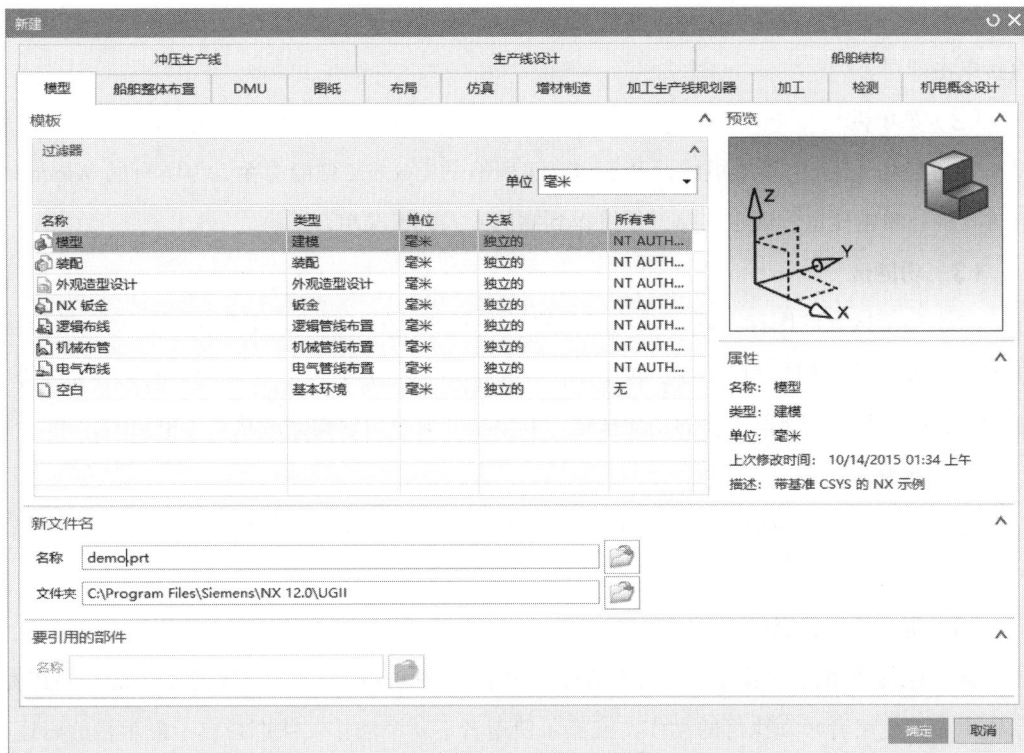

图 1-2 UG NX 12.0 "新建" 对话框

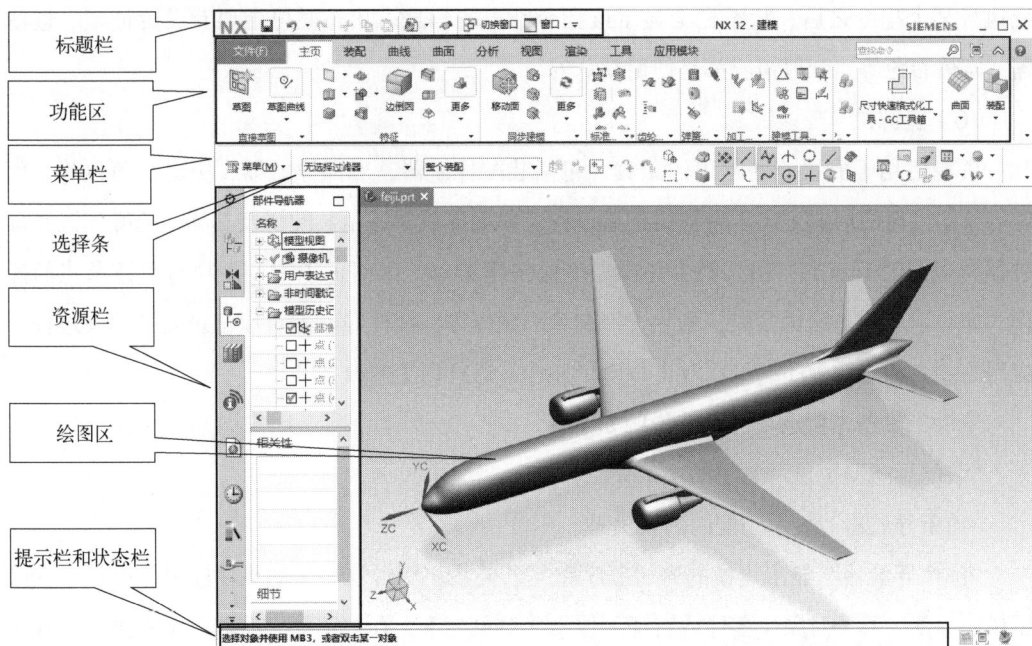

图 1-3 UG NX 12.0 建模界面

（1）标题栏

标题栏的主要作用是显示应用软件的图标、名称、版本、当前工作模块以及文件名称等。在标题栏里有一些基本工具，常用的是保存、撤销（前撤和后撤）、重复上一个命令等，直接单击即可。

（2）菜单栏

菜单栏由 13 个主菜单组成，几乎包含了所有的 UG NX 功能命令。与所有的 Windows 软件一样，单击任意一项主菜单，便可得到它的一系列子菜单。

（3）功能区

单击功能区上的图标，即可调用相应的操作命令。在 UG NX 12.0 中，"主页"功能区集成了大部分菜单中的常用命令，包括草图、特征、同步建模、GC 工具箱、曲面、装配等。通常可通过定制，只保留需要的功能按钮，其余操作命令由快捷键或从菜单中调用。

（4）选择条

在建模时选用相应的命令，对模型中的点、线、面、体等特征进行过滤，以便对单个特征进行选择操作。

（5）提示栏和状态栏

提示栏的作用是显示与操作相关的提示信息。在执行每个指令步骤时，系统均会在提示栏中显示使用者必须执行的动作，或提示使用者下一个动作。状态栏位于提示栏的右边，其作用是显示系统及图素的状态信息。如选择点时，系统会显示当前鼠标指针的点信息；系统执行某个指令之后，状态栏会显示该指令结束的信息。状态栏里主要有设置捕捉、过滤器、实体着色等，一般情况都是使用默认的。

（6）资源栏

资源栏用于放置一些常用的工具，包括装配导航器、部件导航器、历史、角色等。部件导航器以树的形式记录了特征的建模过程。装配导航器显示装配树及其相应的操作。在导航器树形图的节点上右击，就会弹出相应的快捷菜单，因而可以方便地执行对该节点的操作，如显示尺寸，编辑参数，删除、抑制和隐藏体等。部件导航器可以记录模型建模过程中应用的命令和先后顺序，可以双击每一个操作，进行回滚修改。

资源工具条主要选项的功能说明如下：

"装配导航器"显示装配的层次关系。

"约束导航器"显示装配的约束关系。

"部件导航器"显示建模的先后顺序和父子关系。父对象（活动零件或组件）显示在模型树的顶部，其子对象（零件或特征）位于父对象之下。在"部件导航器"中右击，从弹出的快捷菜单中选择"插图"命令，则按"模型历史"显示。"模型历史树"中列出了活动文件中的所有零件及特征，并按建模的先后顺序显示模型结构。若打开多个 UG NX 12.0 模型，则"部件导航器"只反映活动模型的内容。

"重用库"中可以直接从库中调用标准零件。

"历史记录"中可以显示曾经打开过的部件。

（7）绘图区

绘图区是 UG NX 12.0 用户主要的工作区域，建模的主要过程及绘制前后的零件图形、分析结果和模拟仿真过程等都在这个区域内显示。用户在进行操作时，可以直接在图形区中选取相关对象进行操作。同时，还可以选择多种视图操作方式。

绘图区的背景颜色可以定制，选择"首选项"→"背景"命令，即可定制绘图区的背景颜色。

"首选项"是用于设置 UG NX 12.0 默认的控制参数，可以修改 UG NX 12.0 中默认的参数设置。在 UG NX 12.0 中的不同模块中，"首选项"菜单中显示的命令选项会不同。下面将以建模模块为例，介绍"首选项"菜单中各个命令的设置方法。

1.4 UG NX 12.0 基本环境设置

1.4.1 建模首选项

在 UG NX 12.0 菜单栏中，选择"首选项"→"建模"菜单命令，将显示"建模首选项"对话框，如图 1-4 所示。建模首选项主要用于在建模时的相关参数设置。

"常规"选项卡   "自由曲面"选项卡

图 1-4 "建模首选项"对话框

"建模首选项"对话框中的"自由曲面"选项卡是用于设置在构建曲面时的生成选项，"曲线拟合方法"选项用于控制在用样条曲线拟合时采用哪种拟合方式。可以选择自由曲面构造结果。"动画"选项区用于控制生成动画时的显示效果。

"常规"选项卡中包含的定义如下。

删除时通知：该复选框用于控制在删除影响其他特征参数和特性时是否弹出警告信息对话框。

"体类型"选项组：该选项组用于控制在建模时，使用曲线创建特征是生成实体还是片体，片体就是面。

单位设置：包括距离公差与角度公差、密度、密度单位等。在文本框中输入相应数据后，可以定义模型的基本单位。

新面属性：该选项组用于控制新面是作为一个父体还是使用部件的默认设置。

布尔操作面属性：该选项组用于在设置布尔运算时选取的体是作为目标体还是工具体。

网格线：用于设置实体或片体在 U 和 V 方向上网格线的数目。U 和 V 的参数越大，则表面显示越光滑。

特征 / 标记：用于在创建和编辑特征时，程序自动设置内部标记的额度。

动态更新：包含两个设置参数——递增和连续，选择其中一个可以控制模型动态更新的速度。

直接子集：该选项组用于控制直接的子集是包括第一层还是全部层。

1.4.2　用户界面首选项

在 UG NX 12.0 的菜单栏中选择"首选项"→"用户界面"菜单命令，将弹出"用户界面首选项"对话框，如图 1-5 所示。该对话框主要用来设置能够显示的数据精度、宏选项设置和对话框界面设置等。在"用户界面首选项"对话框中的"布局"中可以设置资源条在窗口中的位置。

"用户界面首选项"中的常用选项含义如下。

已显示的小数位数选项组：包含对话框、跟踪条、信息窗口三个小数显示选项。一般情况下，系统所能显示的此数值不大于 7；设置跟踪条所能显示的小数位数一般根据情况设置，适中就可以。设置信息窗口中所能显示的小数部分数字位数。当勾选"用系统精度"复选框时，使用系统精度；反之，则可以使用自定义精度。"数字"文本框用于设置"对象信息"对话框中能够显示的数据精度，其取值范围是 1 ～ 14。

"确认撤销"复选框：勾选该复选框可以设置在执行撤销命令时不显示确认对话框。

"宏"选项卡：该选项用于设置有关宏操作的参数。宏是一个存储用户通过外部设备操

图1-5 "用户界面首选项"对话框

作的记录文件，它可以通过"工具"→"宏"命令被录制和播放"操作记录"选项卡，该选项主要用来控制程序过程记录的位置。"插入菜单/对话框附注"复选框用于控制附注的显示。

1.4.3 对象首选项

在UG NX 12.0的菜单栏中，选择"首选项"→"对象首选项"菜单命令，将弹出"对象首选项"对话框，如图1-6所示。在此对话框中可以设置当前图层中对象的属性，比如对象的颜色、线型和宽度。

"对象首选项"中的常用选项含义如下。

工作层：用于设置对象所在的工作图层。当在"工作层"文本框中输入一个图层编号后，系统会将所创建的对象存储在该图层中。

类型：该下拉列表中显示了13种类型，如图1-7所示。

颜色：不设置颜色将显示为默认颜色。可以单击右侧的颜色块，将弹出"颜色"对话框，如图1-8所示。

图1-6 "对象首选项"对话框

图 1-7 "类型"下拉列表

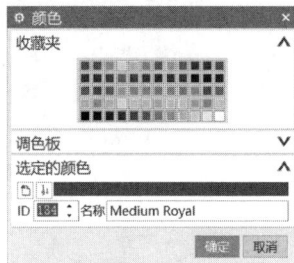

图 1-8 "颜色"对话框

线型：包含了实线、虚线、双点划线❶、中心线、点线、长划线和点划线 7 种线型，默认值是实线。可以为不同的对象设置不同的线型。

宽度：包含了细线宽度、正常宽度和粗线宽度 3 种线宽，默认值是正常宽度。

局部着色：勾选"局部着色"复选框，将在屏幕上对实体和片体类型的对象局部着色。

面分析：勾选"面分析"复选框，将在实体或片体的面上显示面分析效果。

透明度：通过拖动"透明度"滑块改变透明度的大小，用于显示实体透明状态。

1.4.4 资源板首选项

在 UG NX 12.0 的菜单栏中，选择"首选项"→"资源板"菜单命令，将弹出"资源板"对话框，如图 1-9 所示，它主要用于控制位于窗口左侧的资源条显示。

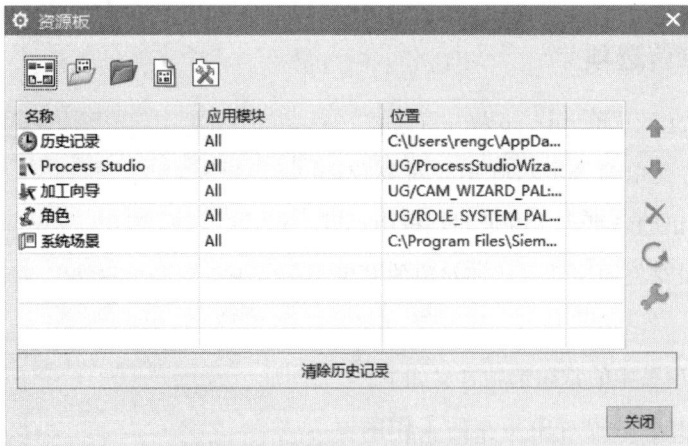

图 1-9 "资源板"对话框

该对话框各个选项的含义如下。

"新建资源板"按钮：用户可自定义工作环境模板。

---

❶ 双点划线：应为"双点画线"，此处尊重软件界面原图，全书同。

"打开资源板文件"按钮![]：用户可打开系统中已存在的模板文件。

"打开目录作为资源板"按钮![]：指定一个目录作为模板。

"打开目录作为模板资源板"按钮![]：指定一个目录作为模板的资源板。

"打开目录作为角色资源板"按钮![]：指定一个目录作为角色资源板。

1.4.5 选择首选项

在 UG NX 12.0 的菜单栏中，选择"首选项"→"选择"命令，将弹出"选择首选项"对话框，如图 1-10 所示，它主要用于设置在选定对象后，光标的颜色、大小和确认选取设置选项。

该对话框中的常用选项含义如下。

"多选"选项组：该选项组包含了鼠标手势和选择规则两个选项。鼠标手势包含矩形和套索两个选项，是指在选取对象时，是以矩形选择对象还是套索选择对象。选择规则表示选择对象时对象被选中的方式，对象被选中的方式有内侧、外侧、交叉、内侧 / 交叉和外侧 / 交叉。

"高亮显示"选项组：该选项组可以设置对象在高亮显示滚动选择、用粗线条高亮显示和高亮显示隐藏边等，还能在着色视图和面分析视图中选择高亮显示的是边还是面。

"快速选取"选项组：控制是否使用快速选取，并可以设置快速选取时延迟的速度。

"光标"选项组：设置光标的半径大小，有

图 1-10 "选择首选项"对话框

大、中、小三个选项，勾选"显示十字准线"复选框，可以显示光标十字线。

"成链"选项组：该选项组包含了"公差"和"方法"两个选项。"公差"用于设置链接曲线时，相邻曲线端点之间允许的空隙，其值越小，链接选取越精确；值越大，链接选取越不精确。"方法"用来设置自动链接方法，包含了简单、WCS、WCS 左侧和 WCS 右侧四种方法。

1.4.6 可视化首选项

在 UG NX 12.0 菜单栏中，选择"首选项"→"可视化"菜单命令，将显示"可视化首

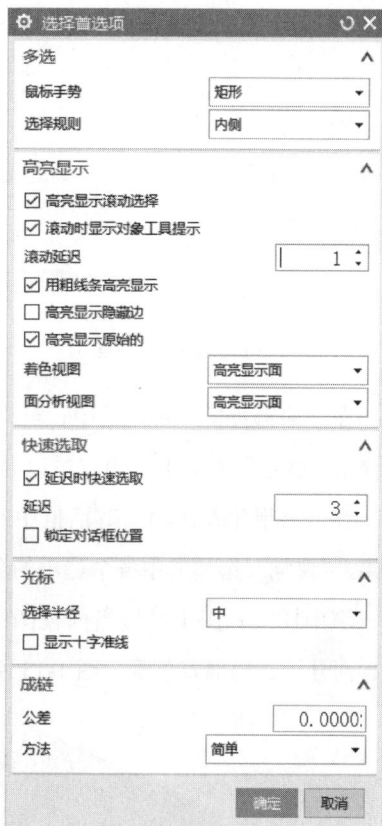

选项"对话框,如图 1-11 所示。它主要用于设置绘图工作区域的显示属性。在"调色板"选项卡中单击"编辑背景"按钮,将弹出"编辑背景"对话框,如图 1-12 所示。

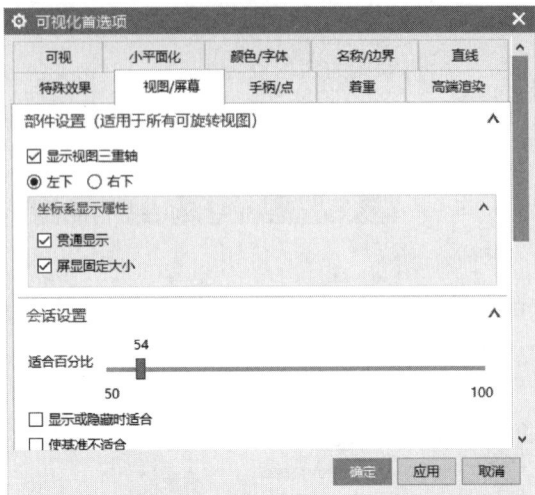

图 1-11 "可视化首选项"对话框

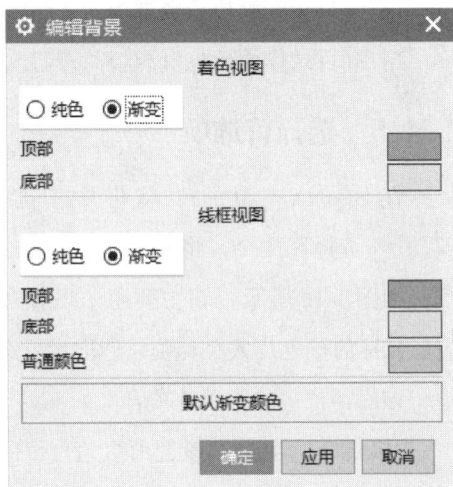

图 1-12 "编辑背景"对话框

在"编辑背景"对话框中,可以设置窗口的背景颜色,单击顶部和底部右边的颜色框,将弹出"颜色"对话框,用户可以自定义背景颜色。

在"可视化首选项"对话框中的"可视"选项卡中,可以设置当前视图中模型的显示效果。"视觉"选项卡中各个选项的具体含义如下。

渲染样式:用于设置当前视图中模型的显示模式,有着色、线框、静态线框、艺术外观、面分析、局部着色等。图 1-13 所示为模型显示的不同效果。

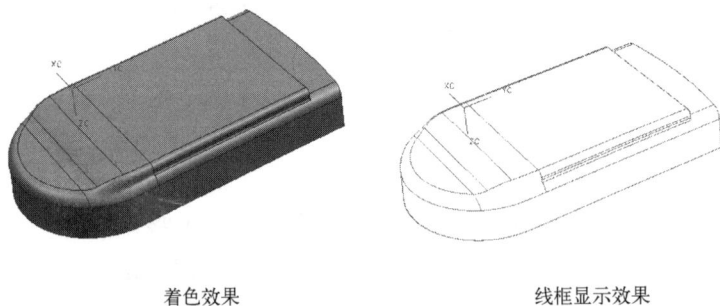

着色效果   线框显示效果

图 1-13 模型显示效果

隐藏边样式:用于设置隐藏边的显示模式,包括不可见的、虚线、隐藏几何体颜色三种显示模式。图 1-14 所示为隐藏边样式的效果。

不可见的:不显示对象的隐藏边缘。虚线:以虚线显示对象的隐藏边缘。隐藏几何体颜色:用于隐藏模型的颜色。

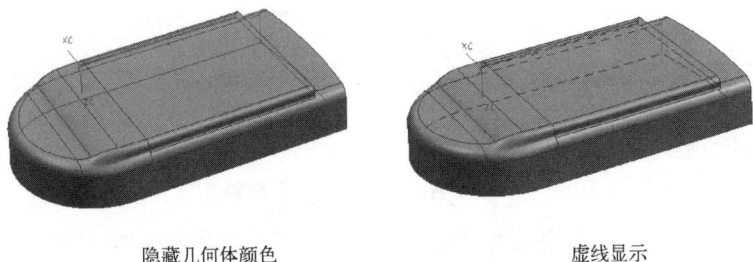

隐藏几何体颜色   虚线显示

图 1-14   隐藏边样式的效果

1.5   UG NX 12.0 基本操作

UG 基本操作是指在使用 UG 的各个模块时经常使用的一些通用性的操作，在使用 UG NX 12.0 进行建模之前，需要了解一下 UG NX 12.0 中的基本操作，这些基本操作包括点的构建、矢量的构建、坐标、图层、类选择、视图控制和信息查询等。掌握好 UG NX 12.0 基本操作将对建模有很大的辅助作用。

UG NX 12.0 的基础操作是使用 UG 进行设计时的知识准备，涉及 UG NX 12.0 的界面介绍、常用基础工具，以及一些基本操作。虽然这些内容相对比较简单，但是在今后的设计过程中使用频率很高，并且用户对这些内容的熟悉程度在很大程度上能影响到其设计效率。本节将主要介绍 UG 的外观操作、基准工具及图层操作的相关内容。

1.5.1   点的构建

点的绘制和捕捉是最基础的绘图功能之一，各种图形的定位基准往往是各种类型的点。UG NX 12.0 中选择点的方法有很多种，在菜单栏中选择"插入基准"→"点"菜单命令，将弹出"点"对话框，如图 1-15 所示，可以输入 X、Y、Z 的坐标来选取点。也可以在视图中选取点，在"点"对话框中，单击类型下拉按钮，在下拉列表中有 12 种选择点的方式供选择，如图 1-16 所示。可以直接在类型中单击点按钮，选择常用的点方式。

自动判断的点：根据视图中光标所在的位置，系统判断出所选取的点，选取点时点将亮显。

光标位置：选择该选项时，需要在绘图区域中用光标指定点的位置。

现有点：该选项在一个已知的点上再创建一个点，或通过一个已知的点来创建一个新点。

图 1-15 "点"对话框

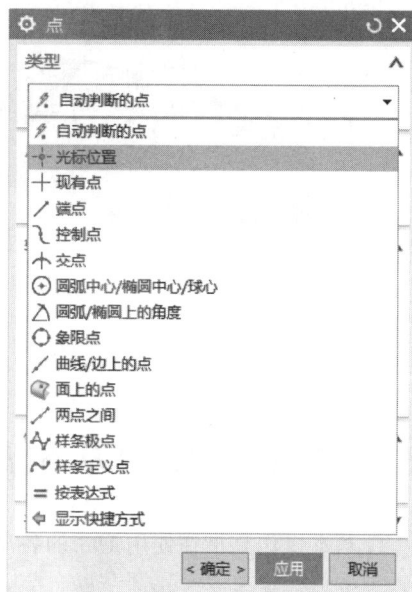

图 1-16 选择点的方式

端点：该选项是在直线或边上的端点处创建端点，根据光标离直线较近的一端创建端点。

控制点：该选项是在已知曲线的控制点上创建一个新点。

交点：该选项是在两个相交对象的交点处创建一个新点。该选项选择的交点可以是实际中存在的交点，也可以是对象延长线上的交点，还可以是空间曲线上的交点。

圆弧中心 / 椭圆中心 / 球心：选择该选项，可以在圆弧、椭圆和球的中心创建点。

圆弧 / 椭圆上的角度：选择该选项，可以在圆弧和椭圆中的输入角度来创建点。

象限点：选择该选项可以在圆弧或圆的象限点上创建点。

曲线 / 边上的点：选择该选项可以选取曲线或物体边缘的点来创建一个新点。

面上的点：选择该选项可以选取空间曲面上的点来创建一个新点。

两点之间：该选项用于选取两点之间的点来创建一个新点。

1.5.2　矢量的构建

UG NX 12.0 中的矢量是指在使用某一命令时，比如在创建长方体特征的时候，会提示指定矢量，"矢量"对话框如图 1-17 所示。在"矢量"对话框中，单击类型下拉按钮，将弹出下拉列表，在下拉列表中有 15 种指定矢量的方式，可以单击类型下面的按钮选择常用的矢量方向。

15 种指定矢量的方式含义如下。

自动判断的矢量：选择此选项，系统将自动判断方向。

图 1-17 "矢量"对话框

两点：选择此选项，需要在图形中指定出发点和终止点，两点间的连线就是矢量的方向。

与 XC 成一角度：需要输入矢量的角度，角度是以 X 轴的正方向为参照的。

曲线 / 轴矢量：可以在视图中选择边缘曲线成为矢量的方向。

曲线上矢量：选择此选项，需要在图形中选择曲线，矢量方向就是曲线的切向。

面 / 平面法向：选择此选项，需要在视图中选择法向矢量的平面或轴向矢量的圆柱面定义矢量的方向。

· 平面法向：选择此选项，需要在视图中选择法向矢量的基准平面定义矢量的方向。

· 基准轴：需要在视图中选择法向矢量的基准轴定义矢量的方向。

· XC 轴：以当前 UCS 的 X 轴正方向作为矢量的方向。

· YC 轴：以当前 UCS 的 Y 轴正方向作为矢量的方向。

· ZC 轴：以当前 UCS 的 Z 轴正方向作为矢量的方向。

· -XC 轴：以当前 UCS 的 X 轴反方向作为矢量的方向。

· -YC 轴：以当前 UCS 的 Y 轴反方向作为矢量的方向。

· -ZC 轴：以当前 UCS 的 Z 轴反方向作为矢量的方向。

· 按系数：可以输入笛卡尔坐标或球坐标系坐标来定义矢量的方向。

1.5.3 坐标系的设置

UG NX 12.0 中默认的建模工作平面是 X-Y 平面，熟练地进行坐标系设置是建模工作的基础，在 UG NX 12.0 系统中共有三种坐标系，如图 1-18 所示。

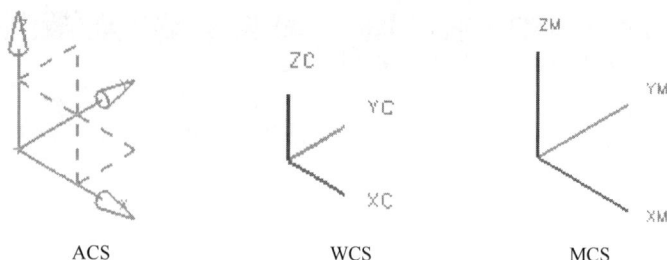

图 1-18 UG NX 12.0 中的三种坐标系

三种坐标系的含义如下。

ACS：系统默认坐标系。其特点是原点位置永远不变，它在用户启动 UG NX 12.0 后自动产生。

WCS：用户坐标系。可以根据需要进行自由设置。

MCS：向导操作坐标系。主要应用于模具设计、加工等操作中。

在 UG NX 12.0 中，建模时随时需要新建 WCS 坐标系。从菜单栏中的"格式"菜单下的 WCS 子菜单进入，WCS 的各命令如图 1-19 所示。

图 1-19 WCS 的各命令

使用各个命令操作 WCS 的方法如下。

原点：在菜单栏中选择"格式"→"WCS"→"原点"菜单命令，通过定义当前 WCS 坐标的原点来重新定位坐标系的位置。只移动坐标系的位置，不会改变坐标轴的方向。

动态：在菜单栏中选择"格式"→"WCS"→"动态"菜单命令，坐标状态将处于动态，"动态"命令能移动或旋转当前的 WCS 坐标。可以拖动坐标轴的端点或原点来移动 WCS。单击坐标轴，将出现一个文本框，可以在文本框中输入距离移动 WCS，如图 1-20 所示。单击坐标轴之间的控制点，也会出现一个文本框，可以输入角度来旋转 WCS 的坐标平面，如图 1-20 所示。

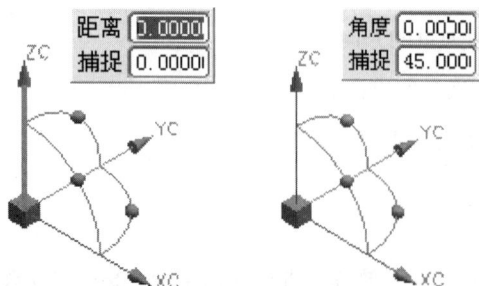

图 1-20 动态 WCS 及"旋转 WCS 绕 …"对话框

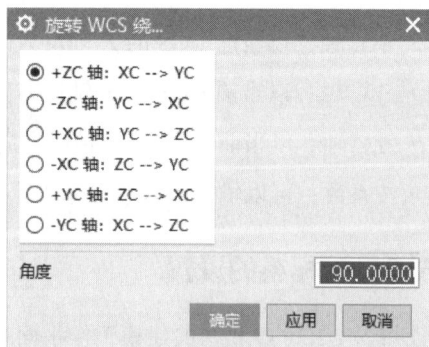

旋转：在菜单栏中选择"格式"→"WCS"→"旋转"菜单命令，将弹出"旋转 WCS 绕..."对话框，如图 1-20 所示。可以在对话框中选中"+ZC 轴"单选按钮，然后在角度文本框中输入角度，即可旋转 WCS。

定向：在菜单栏中选择"格式"→"WCS"→"定向"菜单命令，将弹出"CSYS 构造器"对话框，在该对话框中单击类型下拉按钮，有 17 种创建坐标系的方式，如图 1-21 所示。

更改 XC 方向：在菜单栏中选择"格式"→"WCS"→"更改 XC 方向"菜单命令，将弹出"点"对话框，可以在该对话框中设置点的方式更改 XC 方向。如图 1-22 所示。

图 1-21　创建坐标系的方式　　　　　图 1-22　"点"对话框

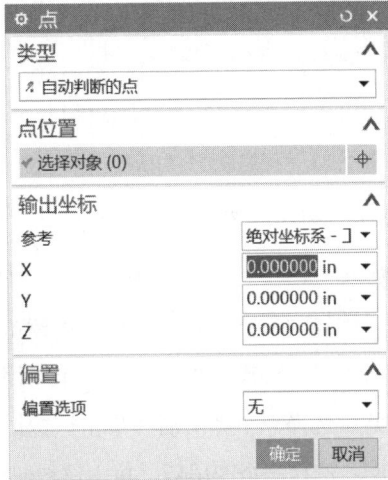

更改 YC 方向：在菜单栏中选择"格式"→"WCS"→"更改 YC 方向"菜单命令，与更改 XC 方向一样，可以在"点"对话框中设置点的方式更改 YC 方向。

显示：在菜单栏中选择"格式"→"WCS"→"显示"菜单命令，将交替隐藏或显示 WCS。

保存：在菜单栏中选择"格式"→"WCS"→"保存"菜单命令，系统自动将当前绘图工作区中的坐标系进行保存。

1.5.4　图层设置

UG NX 12.0 中包含了 256 个图层，每个图层上放置不同类型的对象。为了方便选择对象，通常 1 ～ 29 层里放 SOLID；30 ～ 49 层放 SKETCH，每一个 SKETCH 放一层；50 ～ 59 层放置 DATUM 数据平面及数据轴；60 ～ 99 层放 CURVE 及其他需要的 OBJECT；100 ～ 149 层放其他临时的 OBJECT；150 ～ 199 层备用；200 ～ 249 层属于制图范围层；250 ～ 256 层留作他用。选择"格式"→"图层设置"菜单命令，将弹出"图层设置"对话框，如图 1-23 所示。

为了便于记忆以及方便他人修改，层可以命名、分类。在"图层设置"对话框中单击"编辑类别"按钮，将弹出"图层类别"对话框，如图 1-24 所示。

图 1-23 "图层设置"对话框

图 1-24 "图层类别"对话框

可以在"图层设置"对话框中设置每个图层的状态，图层的状态有四种，分别是"可选""作为工作层""不可见""只可见"，具体含义如下。

可选：选择一个图层，然后单击该按钮，此图层上的对象只能被选择，而不能被编辑。

作为工作层：选择一个图层后，单击该按钮，可以将该图层作为当前层。

不可见：选择一个图层后，单击该按钮，该图层上的所有对象都不可见。

只可见：选择一个图层后，单击该按钮，该图层上的对象只可见，而不能被选择或编辑。

图层的操作包括图层的移动、复制等。选择"格式"→"移动至图层"菜单命令，将弹出"类选择"对话框，如图 1-25 所示。通过"类选择"对话框选择要移动的对象，单击"确定"按钮，将弹出"图层移动"对话框，如图 1-26 所示。在"图层移动"对话框中，选择要移至的图层，然后单击"确定"按钮。

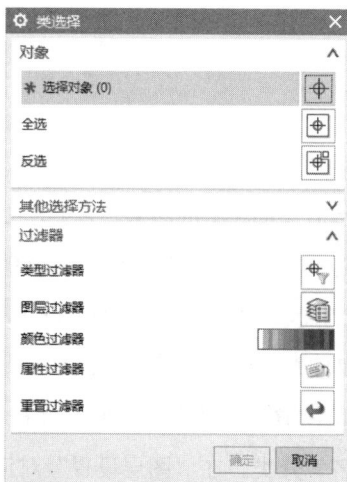

图 1-25 "类选择"对话框

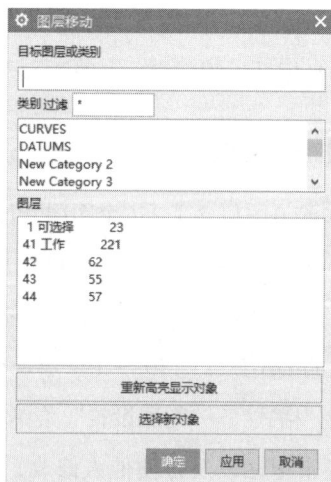

图 1-26 "图层移动"对话框

1.5.5 类选择

在使用某一命令的时候，比如选择"编辑"→"变换"或者"编辑"→"对象显示"等命令时，会出现"类选择"对话框。类选择功能用于快捷地选取具有同一属性的某一类对象。

用户可以通过"类选择"对话框选中对象或通过过滤器选择对象，"类选择"对话框中各选项的含义如下。

• 全选 ⊞：该按钮用于选择视图中的所有对象。单击此按钮，若不指定过滤方式，将选择当前视图中的所有对象，反之则选择符合过滤方式的所有对象。

• 反选 ⊞：该按钮用于在绘图工作区选择未能被用户选中的对象。

• 类型过滤器 ✦：该选项用于按对象的类型来选择对象。单击该按钮，将弹出"按类型选择"对话框，如图1-27所示。在该对话框中可以选择所需要的对象，然后单击"确定"按钮。

• 图层过滤器 ▤：该选项通过指定对象所在的图层来选择对象。单击该按钮，将弹出"按图层选择"对话框，如图1-28所示。通过这个对话框，只需要选择当前对象所在的层就可以选择该图层上所有的对象。

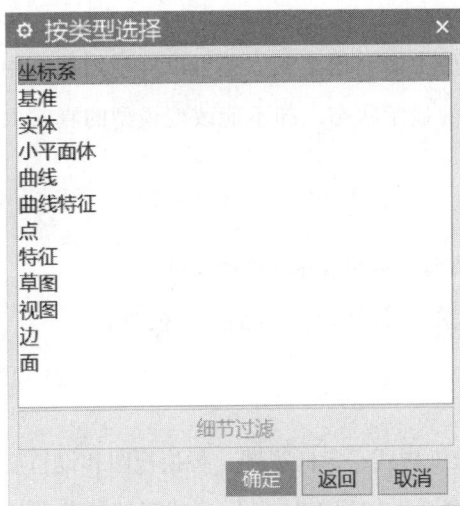

图 1-27 类型过滤器

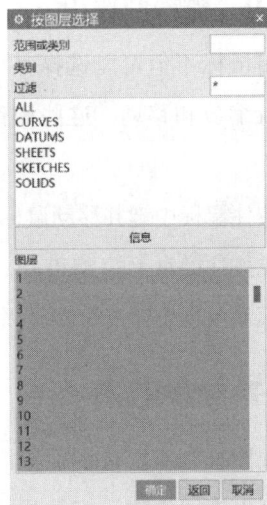

图 1-28 图层过滤器

• 颜色过滤器 ▦▦▦▦▦：该选项通过指定对象的颜色来选择对象。单击该按钮，将弹出"颜色"对话框，如图1-29所示。在该对话框中可以选择对象所属的颜色来选择对象。

• 属性过滤器 ▣：该选项通过指定对象的属性来选择对象。单击该按钮，将弹出"按属性选择"对话框，如图1-30所示。

•重置过滤器 🔁：该选项用于返回到上一次选择的过滤器。

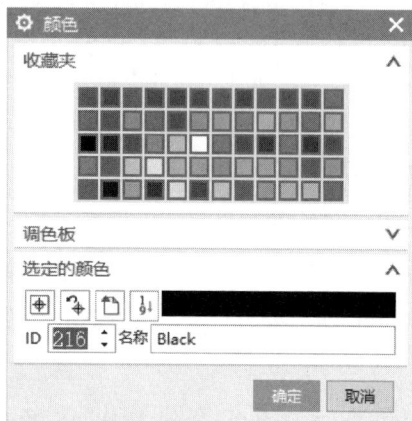

图 1-29　"颜色"对话框

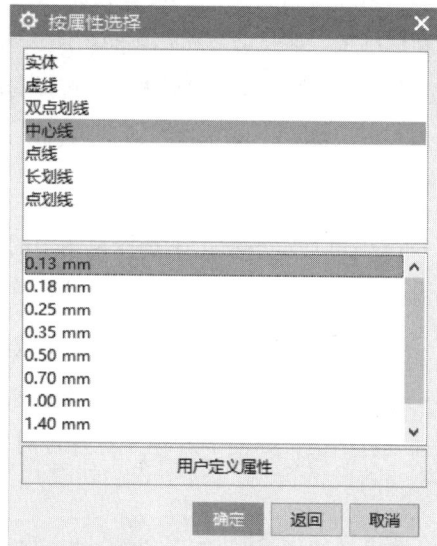

图 1-30　"按属性选择"对话框

1.5.6　鼠标的使用

用鼠标不但可以选择某个命令，选取模型中的几何要素，还可以控制图形区中的模型进行缩放和移动，这些操作只是改变模型的显示状态，却不能改变模型的真实大小和位置。

按住鼠标中键并移动鼠标，可旋转模型。

先按住键盘上的 Shift 键，然后按住鼠标中键，移动鼠标可移动模型。

滚动鼠标中键滚轮，可以缩放模型：向前滚，模型变大；向后滚，模型变小。

1.5.7　视图控制

视图控制主要包括旋转、平移、缩放、渲染样式、定向视图、替换视图和设置旋转点等，可以在"视图"工具栏中单击按钮选择命令，如图 1-31 所示；或者选择菜单栏中的"视图"下拉菜单中的命令，如图 1-32 所示；也可以在绘图区域右击鼠标，将弹出快捷菜单，从中选择需要的命令，如图 1-33 所示。

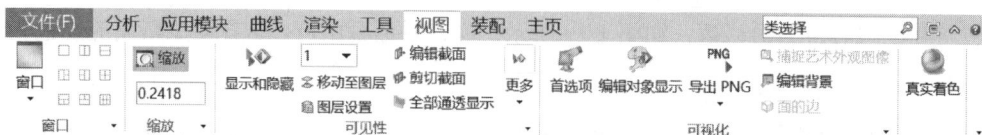

图 1-31　"视图"工具栏

图 1-32 "视图"下拉菜单

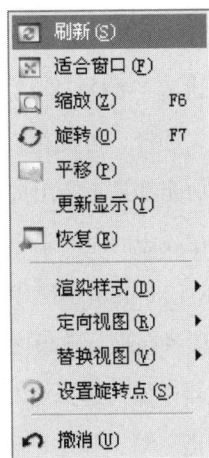

图 1-33 "视图"快捷菜单

1.5.8 信息查询

信息查询主要用于查询几何体的信息，可以对点、样条曲线、曲面、产品制造信息、表达式、部件、装配、其他和定制菜单条进行查询，以获取对象的各种信息，"信息"菜单如图 1-34 所示。

查询对象信息主要查询对象的属性，包括日期、名称、图层、颜色、线型、组名、单位。可以在"类选择"对话框中选择对象。选择"信息对象"菜单命令，将弹出"类选择"对话框，选择对象后，单击"确定"按钮，系统将弹出一个"信息"窗口，如图 1-35 所示。

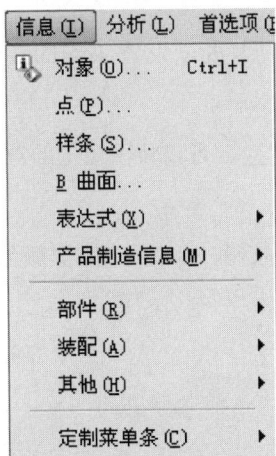

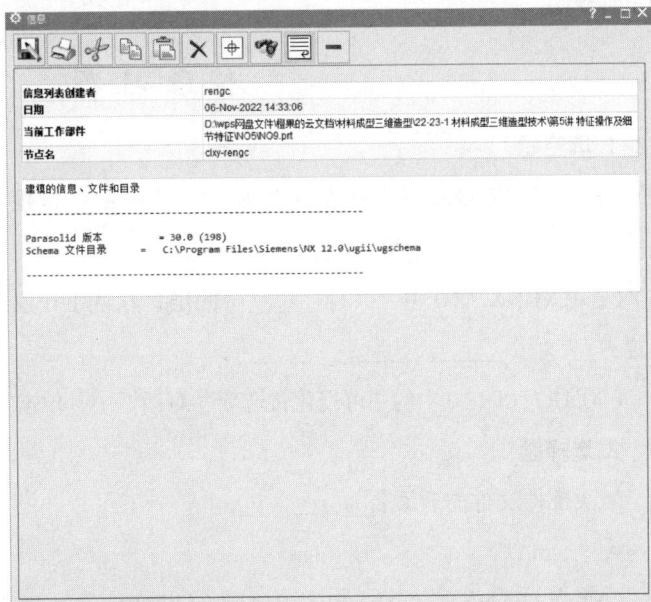

图 1-34 "信息"菜单

图 1-35 "信息"窗口

本 章 小 结

本章主要讲解了 UG NX 12.0 的对象首选项和基本操作，首选项的设置包括对用户界面、对象、资源板、选择、可视化、建模等进行设置的方法。由于 UG NX 12.0 中首选项的设置非常多，很多功能都是不常用的，因此本章中只精选了比较重要的一些功能选项进行详细介绍，以便读者在最短的时间里了解到最适用的知识。

在 UG NX 12.0 的基本操作中，介绍了点、矢量、坐标系、图层、类选择、视图控制等基本操作，使读者在进行建模之前先了解这些预备知识。

1. 点构造器中如何选择点？

答：在"点"对话框中，一般情况下，可以在视图中选择自动判断的点，根据需要也可以设置类型为两点之间、交点、圆弧中心 / 椭圆中心 / 球心等常用方法来选择点，还可以输入点 X、Y、Z 的坐标来选取点。

2. 怎么使用图层中的过滤器？

答：在"图层设置"对话框中，过滤器包括 CURVES、DATUMS、SHEETS、SKETCHES、SOLIDS，分别是曲线、基准面和基准线、图纸、草图、实体，根据创建不同的对象，可以选择这些图层过滤器，将创建的图层放置在过滤器图层中。

3. 视图有哪些分类？

答：可以从不同方向观察部件，视图分为正二侧视图、正等轴测视图、顶部视图、左视图、前视图、右视图、后视图、底部视图等，其中，最常用的是顶部视图、前视图和左视图三种视图。

本 章 习 题

1. 填空题

（1）UG NX 12.0 中"对象首选项"对话框中"常规"选项卡可以设置工作图层的_____、_____、_____和_____。

（2）UG NX 12.0 中一共有_____个图层，默认工作层为_____，可以将图层上的对象设置为_____、_____、_____、_____。

（3）UG NX 12.0 中的"可视化首选项"对话框中，单击_____按钮，可以设置背景颜色。

2. 选择题

（1）部件文件的后缀名为_____。

A. *.asm   B. *.igs   C. *.prt   D. *.dwg

（2）在 UG NX 12.0 中，如何用鼠标旋转模型_____。

A. 按住鼠标中键并移动鼠标   B. 按住鼠标右键并移动鼠标

C. 按住鼠标左键并移动鼠标　　　　　　　D. 按住鼠标中键和右键并移动鼠标

（3）下列选项中不是"类选择"对话框中的过滤器是_____。

A. 类型过滤器　　　　B. 图层过滤器　　　　C. 颜色过滤器　　　　D. 线型过滤器

3. 上机练习

（1）转换当前视图，将当前视图切换到正等轴测图，如图 1-36 所示。

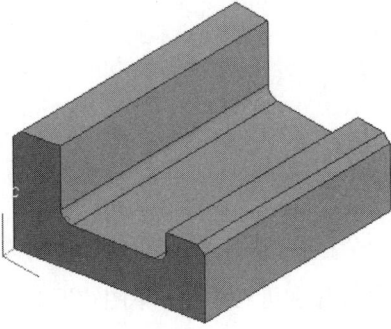

图 1-36　正等轴测图

（2）将实体模型设置为带有隐藏边的线框，如图 1-37 所示。

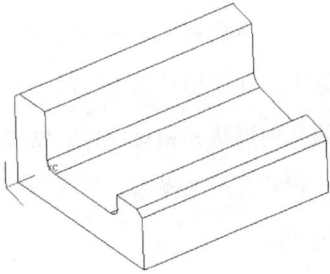

图 1-37　带有隐藏边的线框模型

（3）练习设置旋转点，并缩放视图，如图 1-38 所示。

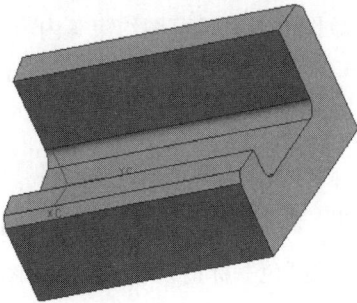

图 1-38　设置旋转点

第 2 章

草图设计

2.1 草图概述

草图（Sketch）是 UG NX 建模中构建参数化模型的一个重要工具，是与实体模型相关联的二维图形，一般可作为三维实体模型的基础，具有特征操作和可修改性。草图知识在三维建模技术中占据相当重要的位置。因为在实体建模和曲面建模中，草图可以作为实体建模的特征横截面，在曲面建模中草图又可作为曲线进行曲面的构建。

草图绘制（简称草绘）功能是 UG NX 为用户提供的一种十分方便的二维绘图工具。用户可以首先按照自己的设计意图，迅速勾画出零件的粗略二维轮廓，然后利用草图的尺寸约束和几何约束功能精确确定二维轮廓曲线的尺寸、形状和相互位置。在应用草图工具时，用户首先需要绘制曲线的轮廓，再添加各种约束来精确定义图形的几何形状和相对位置，就可以完整地表达设计意图。还可用实体造型工具对草图进行拉伸、旋转等三维操作，生成与草图相关联的实体模型。修改草图时，关联的实体模型也会自动更新。

草图是实现 UG NX 机械建模的基础，在 UG NX 中被视为一种特征，每创建一个草图均会在部件导航器中添加一个草图特征，因此每添加一个草图，在部件导航器中就会添加相应的一个节点。由于草图的创建和约束比较简便，容易编辑，所以草图在特征建模和曲面造型中均有较为普遍的应用。本章主要介绍草图曲线的创建、草图的绘制及草图约束等内容，最后结合实例向大家介绍草图曲线的具体使用。

2.1.1 草图首选项

草图首选项是草图的基本参数，选择"首选项"→"草图"菜单命令，可以打开"草图首选项"对话框，如图 2-1 所示。单击"部件设置"选项卡的"颜色"标签，可以设置草图中对象的颜色，如图 2-2 所示。

"草图首选项"对话框中各选项的含义如下。

捕捉角：该参数用于设置捕捉角度，控制徒手绘制直线时是否自动成为水平或垂直直

图 2-1 "草图首选项"对话框

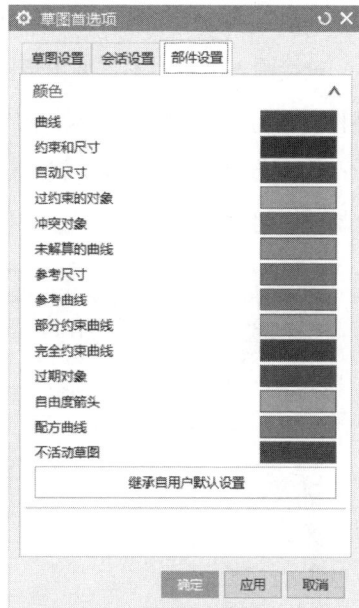

图 2-2 "颜色"标签

线，如果所画直线与草图工作平面 XC 或 YC 轴的夹角小于等于该参数值，则所画直线会自动成为水平线或垂直线。

屏幕上固定文本高度：勾选此复选框，模型中的文本将被固定。

尺寸标签：用于设置尺寸的文本内容。包括表达式、名称和值三个选项。

保持图层状态：该复选框用于控制工作层状态。当图层被激活后，其所在的图层自动成为工作层。

显示自由度箭头：用于控制自由度箭头的显示，勾选此复选框，草图中未约束的自由度将显现出来。

草图原点：有两个选项，一个是"从平面选择自动判断"，另一个是"投影工作部件原点"，可以根据实际情况进行选择。

默认名称前缀：各种对象的默认前缀名显示在其下相应的文本框中，用户可以进行修改。

2.1.2 内部草图与外部草图

在 UG NX 12.0 中，可以在两种不同的任务环境中绘制草图，包括内部草图和外部草图，即"直接草图"环境和"在草图任务环境中打开"环境。单独使用草图命令创建的草图是外部草图，可以从部件中的任意位置查看和访问。使用外部草图可以保持草图可见，并且可使其用于多个特征中。两者的区别是任务环境草图只显示出草图工具，而直接草图可以显示出草图工具和其他三维建模工具，这只是状态不同。直接草图的优点是可以直接进行拉伸或者回转操作，直接画一个圆，不需要出草图，直接点击回转按钮即可。

如果将草图与唯一的特征关联，可以利用内部草图。内部草图只能从所属主特征访问。图 2-3 所示"直接草图"环境其实就是建模环境。很多时候，直接草图等同于曲线，而直接草图的绘制要比创建曲线快速得多、方便得多。

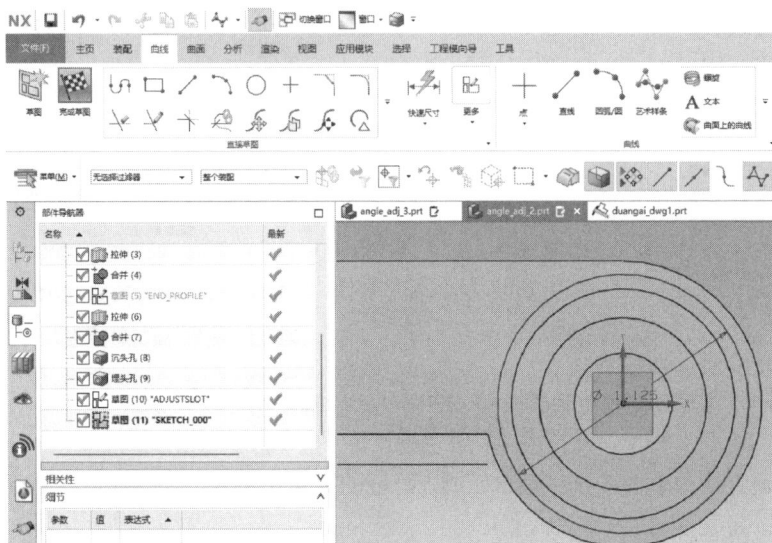

图 2-3 "直接草图"窗口

外部草图可以从部件导航器和图形窗口中访问，可以在图 2-4 所示草图任务环境中打开进行编辑修改。除了草图的所有者，不能打开有任何特征的内部草图，除非使草图外部化。一旦使草图成为外部草图，则原来的所有者将无法控制该草图。

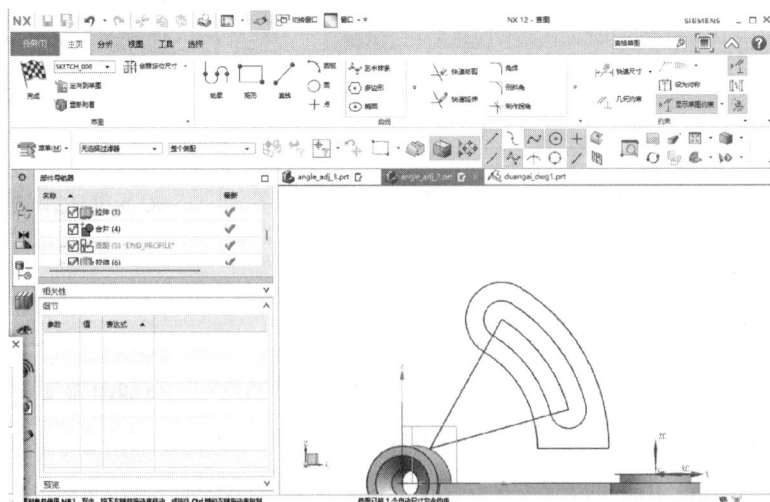

图 2-4 草图任务环境

2.1.3 草图创建

在 UG NX 12.0 中，既可通过选项卡"主页"→"直接草图"功能区，直接对草图进行绘制；也可与前几个版本相同，使用"任务环境中的草图"命令进入草图环境来制作草图。在"特征"工具栏中单击"草图"按钮 品，即可打开"创建草图"对话框，如图 2-5 所示。"创建草图"对话框主要用于选择或者创建草图平面，默认的草图平面为 XY 平面。在平面选项中选择现有的平面，然后单击"平面构造器"按钮 ，将弹出"平面"对话框，可以在"平面"对话框中选择类型来定义平面，如图 2-6 所示。

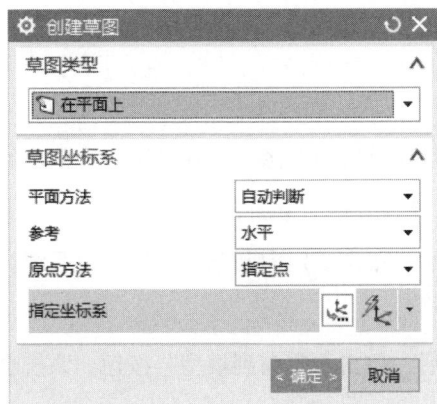

图 2-5 "创建草图"对话框

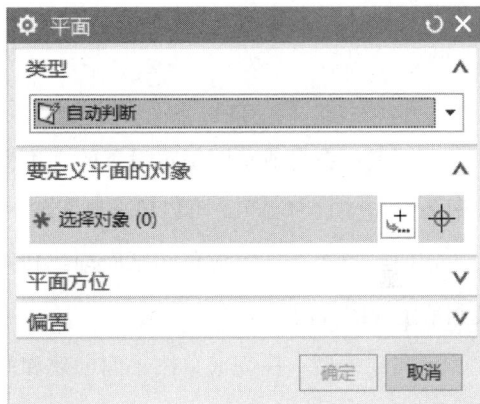

图 2-6 "平面"对话框

选择草图平面后，在"创建草图"对话框中单击"确定"按钮，即可进入草图绘图环境，如图 2-7 所示。

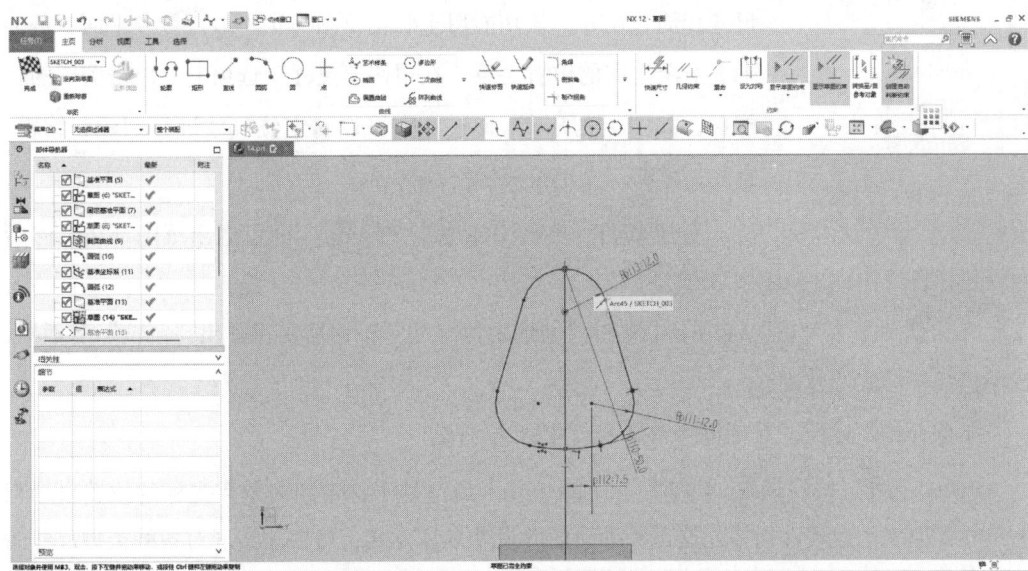

图 2-7 草图绘图环境

进入草图绘图环境后，在"草图基本设置"选项卡中可以实现草图的公共属性操作，如图2-8所示。控制草图模式下的完成草绘、转换草绘平面以及控制视图的方向等操作。

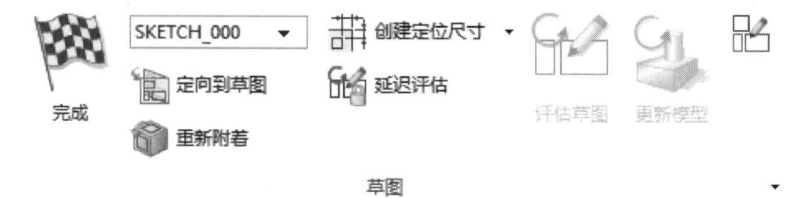

图2-8 "草图基本设置"选项卡

"草图基本设置"选项卡中常用按钮介绍如下。

草图名：在完成草图基本设置的文本框中，显示为设置的草图的名称，第一次创建的草图名为SKETCH_000，可以单击草图名下拉按钮，选择其他的草图名。

定向到草图：在完成草图平面创建和修改名称后，单击"定向到草图"按钮，系统会转到草图视图方向。

定向到模型：在完成草图平面创建和修改名称后，单击"定向到模型"按钮，系统会转到模型视图方向。

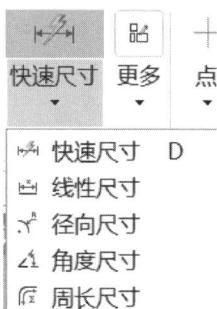

图2-9 快速尺寸功能

重新附着：在创建草图对象后，可对草图工作平面进行更改，通过单击"重新附着"按钮来重新设置草图工作平面。

快速尺寸：该功能包括快速尺寸、线性尺寸、径向尺寸、角度尺寸和周长尺寸，该功能用于确定草图与实体边，参考平面、基准轴等对象之间的位置关系。在"快速尺寸"选项卡中单击需要的功能后，如图2-9所示，通过它们可以对定位尺寸进行创建、编辑、删除、重新定义定位等操作。

完成草图：单击"完成"按钮 ，即可退出草图环境，然后回到建模环境中。

在"草图基本设置"选项卡中单击"创建定位尺寸"按钮后，将弹出"定位"对话框，其中包括9种定位方式。

下面介绍"定位"对话框中常用的尺寸标注方法。

"快速尺寸"按钮 。快速尺寸（图2-10）通过基于选定的对象和光标的位置自动判断尺寸类型来创建尺寸约束，这是一种简便的尺寸标注方式，可快速实现对各种类型尺寸的标注，也是最常用的尺寸标注方式。

"线性尺寸"按钮 。线性尺寸是在两个对象或点位置之间创建线性距离约束。选择此定位方式时，系统以当前草图工作平面中的 X 方向作为水平方向。在定位草图时，首先选择一个定位基准面，然后选择需要定位的对象，完成设置后，依次选择需要定位的两条线段，选择后会自动出现距离长度，确认数据无误后，滑动鼠标选择数据标注位置，按下左键即可水平定位对象。如图 2-11 所示。

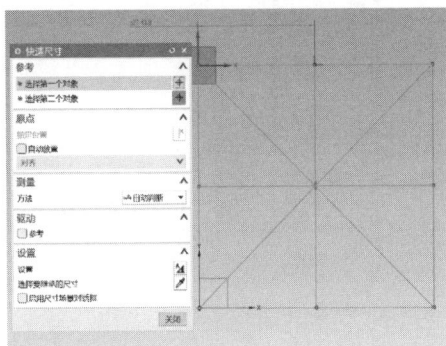

图 2-10 快速尺寸

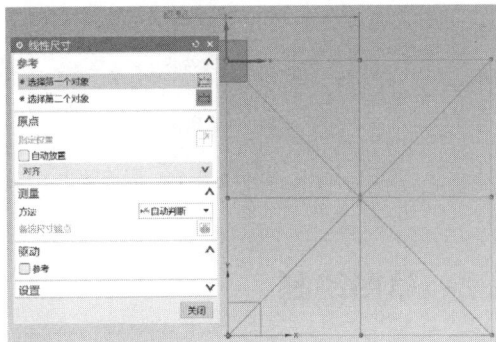

图 2-11 线性尺寸

"径向尺寸"按钮 。径向尺寸（图 2-12）是创建圆形对象的半径或直径约束。在定位草图时，首先选择一个定位基准面，然后选择需要定位的对象，完成设置后，选择需要定位的圆，选择后会自动出现径向长度，确认数据无误后，滑动鼠标选择数据标注位置，按下左键即可径向定位对象。

"角度尺寸"按钮 。角度尺寸是创建圆形对象的半径或直径约束。当选择此定位方式时，先选择目标/基准，再依次选择草图线，按角度值进行定位，如图 2-13 所示。

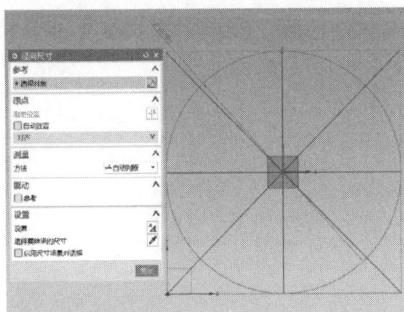

图 2-12 径向尺寸

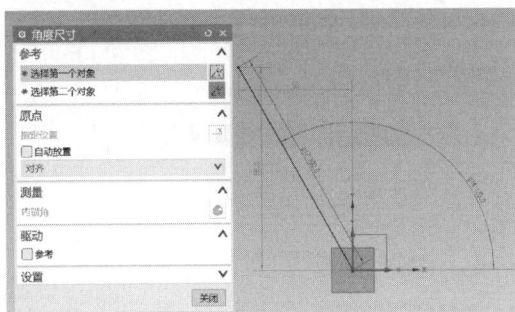

图 2-13 角度尺寸

"周长尺寸"按钮 。周长尺寸（图 2-14）是创建周长约束以控制选定直线和圆弧的长度。在定位草图时，首先选择一个定位基准面，然后选择需要定位的对象，完成设置后，选择需要定位的直线或者圆弧，选择后会自动出现长度加和，确认数据无误后，按下左键即可径向定位对象。

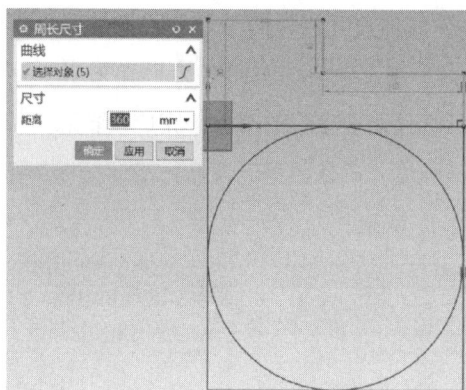

图 2-14　周长尺寸

2.2　草图绘制

在草图中，提供了许多绘制草图的命令，既包括点、直线、圆或圆弧、矩形、样条曲线等一般的曲线，还能绘制椭圆和一般的二次曲线，本节介绍在草图中绘制的一般的曲线。

2.2.1　点和直线

要在草图中绘制点，选择"插入"→"点"菜单命令，或者在"草图曲线"工具栏中单击"点"按钮 ✚，将弹出"点"对话框，如图 2-15 所示。可以在"点"对话框中根据类型来选择绘制点。

选择"插入"→"直线"菜单命令，即可在草图中绘制直线，在光标下将出现一个文本框，显示长度的距离和角度的距离，根据直线显示的虚线延长线，还可以绘制水平和竖直直线，如图 2-16 所示。

图 2-15　"点"对话框

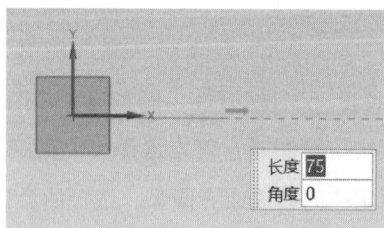

图 2-16　绘制直线

2.2.2　圆或圆弧

在 UG NX 12.0 草图中绘制圆的方法有两种，分别是根据中心和半径、通过三点来绘制圆。输入方法也有两种，一种是坐标模式；另一种是参数模式，也就是输入圆的直径。

选择命令后，将弹出"圆"工具栏，此时圆的绘制方法为中心和半径决定的圆 ⊙，选择输入模式为参数 凸，如图 2-17 所示。

和绘制圆的方法相似，绘制圆弧的方法也有两种，一种是通过三点的圆弧，一种是中心和端点决定的圆弧，输入模式和圆一样。

选择命令后，将弹出"圆弧"工具栏，此时圆的绘制方法为中心和端点决定的圆弧 ⌒，选择输入模式为参数 凸，指定圆弧的中心点和起点后，可以输入圆弧的半径和扫掠角度来定义圆弧的弧长，如图 2-18 所示。

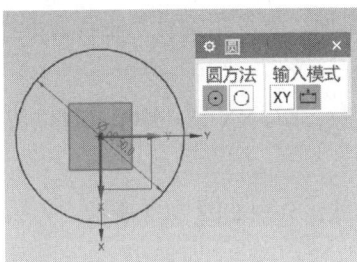

图 2-17　绘制圆图

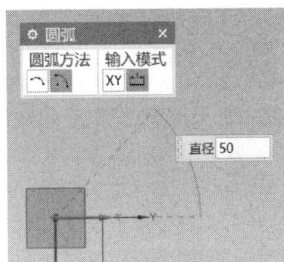

图 2-18　绘制圆弧

2.2.3　矩形

在 UG NX 12.0 草图中绘制矩形的方式有三种，分别是使用两点、三点、从中心来绘制矩形，如果要设置参数，需要指定矩形的长度、宽度或角度。

选择"插入"→"矩形"菜单命令，将弹出"矩形"工具栏，如图 2-19 所示。在"矩形"工具栏中，单击"矩形方法"下面的第一个按钮 ▱，再单击"输入模式"下面的第二个按钮 凸，然后在草图中指定矩形的第一点和第二点，输入宽度和高度，如图 2-20 所示。

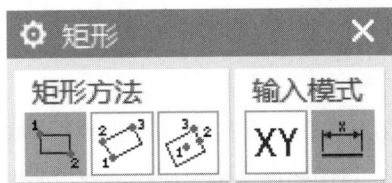

图 2-19　"矩形"工具栏

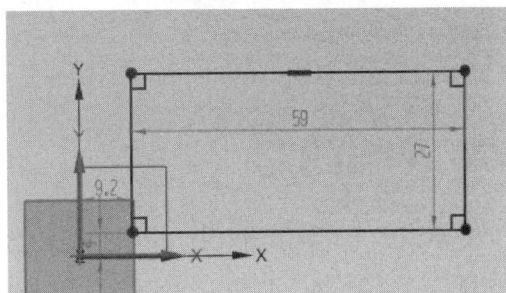

图 2-20　绘制矩形

2.2.4　样条曲线

样条曲线是构造曲面的重要曲线，计算机绘制样条曲线必须给出公式，例如绘制圆弧、椭圆、双曲线等，将一系列离散的点连接成光滑拟合的曲线叫曲线拟合。在 UG NX 12.0 草图中选择"插入"→"样条"菜单命令，将弹出"艺术样条"对话框，样条曲线的绘制方法有根据极点、通过点、拟合、垂直于平面，如图 2-21 所示。

绘制样条曲线的方法如下。

根据极点：样条不通过定义的极点，定义的极点作为样条控制多边形的顶点，有助于控制样条曲线的整体形状。

通过点：样条曲线通过每一个定义点，该方法用于逆向工程中的仿形设计。

拟合：将一系列定义的点拟合成样条曲线，所有样条曲线上的点和定义点之间的距离达到最小，该方法可以确保样条曲线的光顺。

垂直于平面：此方法需要选择样条曲线的起始平面，然后指定样条垂直的下一个平面来构造样条曲线。

样条曲线的阶次是定义样条曲线多项式公式的段数，UG NX 12.0 中最高可以使用 24 阶次，建议使用 3 阶次样条。

使用根据极点、通过点、拟合方法绘制的样条曲线，分别如图 2-22 所示。

图 2-21　"艺术样条"对话框　　　　图 2-22　绘制样条曲线

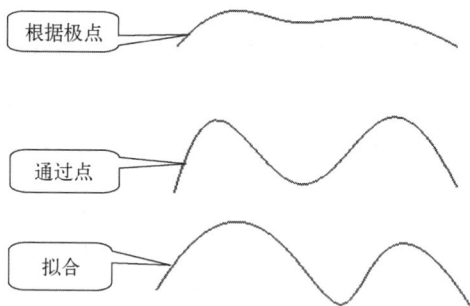

2.3　草图操作

在草图中一般的绘图命令并不能满足需要，在"草图曲线"工具栏中，还提供了一些草图操作的命令，包括圆角、快速修剪和延伸、派生直线、草图镜像、偏置曲线等常用的操作命令，本节将介绍这些命令的使用方法。

2.3.1　圆角

选择"插入"→"圆角"菜单命令，将弹出"圆角"工具栏，如图 2-23 所示。创建圆角的方法有两种，一种是修剪直线来创建圆角，另一种是不修剪直线创建圆角。在选项中，还可以创建备选圆角。

在"圆角"工具栏中单击修剪按钮 ⌐，然后在草图中选择曲线来创建圆角，如图 2-24 所示。

在"圆角"工具栏中单击修剪按钮 ⌐，在选项组中单击备选圆角按钮 ↻，然后在草图中选择曲线来创建圆角，如图 2-25 所示。

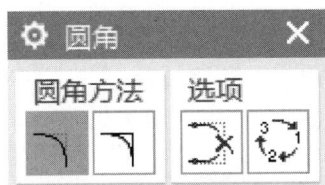

图 2-23 "圆角"工具栏　　　图 2-24 创建圆角　　　图 2-25 创建备选圆角

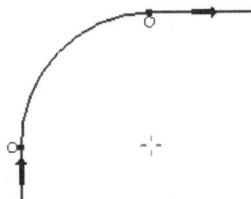

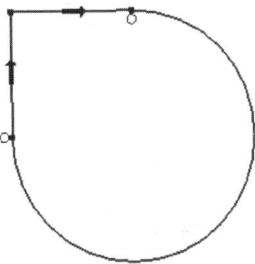

2.3.2　快速修剪和延伸

快速修剪是在草图中修剪对象，以任一方向将曲线修剪至最近的交点或选定的边界，可以修剪一条或多条曲线，在"草图曲线"工具栏中单击"快速修剪"按钮 ⊻，将弹出"快速修剪"对话框，如图 2-26 所示。

修剪单个对象：在"快速修剪"对话框中单击"边界曲线"按钮，在草图中水平直线为边界曲线，然后在"快速修剪"对话框中单击"要修剪的曲线"按钮，在草图中选择要修剪的曲线，选择水平直线间的圆弧为修剪对象，如图 2-27 所示。

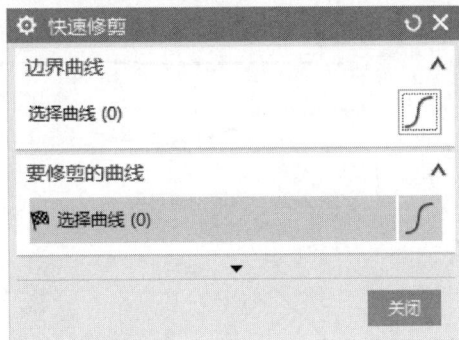

图 2-26 "快速修剪"对话框

修剪多个对象：在"快速修剪"对话框中单击"要修剪的曲线"按钮，然后按住鼠标左键并拖动，这时光标将变为画笔，与画笔的轨迹相交的曲线都会被修剪掉，如图 2-28 所示。

快速延伸对象是将曲线延伸至另一边界或选定的对象。在"草图曲线"工具栏中单击"快速延伸"按钮 ⅄，将弹出"快速延伸"对话框。和快速修剪相似，快速延伸是先选择要延伸至边界的曲线，然后选择要延伸的对象，将对象延伸至边界上，如图 2-29 所示。

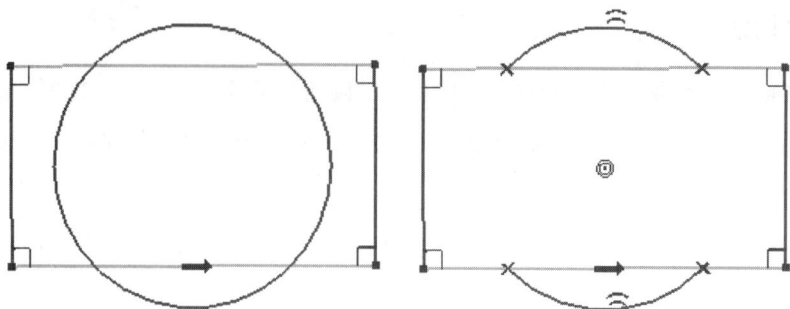

图 2-27　修剪单个对象

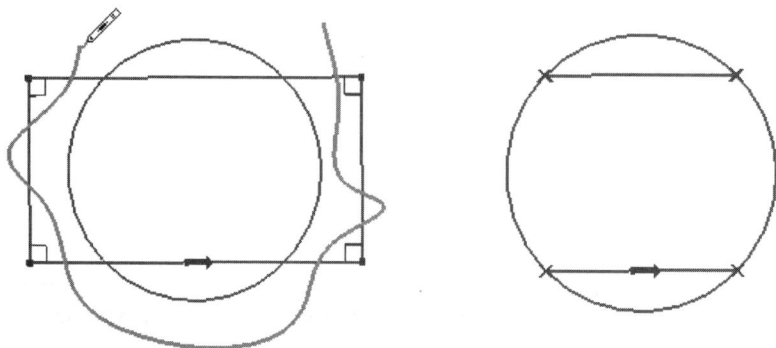

图 2-28　修剪多个对象

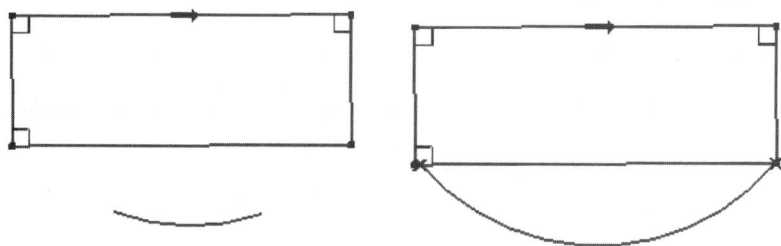

图 2-29　快速延伸对象

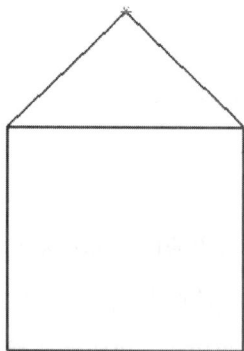

图 2-30　选择底面直线参考直线

2.3.3　派生直线

派生直线是指在两条平行线之间创建一条与另一条直线平行的直线，或者在两条不平行的直线之间创建一条平分线。

创建派生直线的操作步骤如下。

步骤 1：选择"插入"→"派生直线"菜单命令，或者在"草图曲线"工具栏中单击"派生的线条"按钮，在草图中，选择底面直线参考直线，如图 2-30 所示。

步骤 2: 在草图中,可以设置偏置距离,选择上面一条与底面的直线平行的直线为第二条参考的直线,将创建两条平行线之间的中线,然后再设置中线长度,如图 2-31 所示。

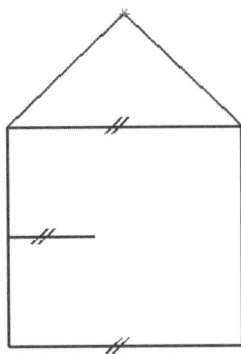

图 2-31　指定平行直线

步骤 3: 在草图中,依次选择图形上端的两条相交斜线为参考直线,将生成一条角平分线,如图 2-32 所示。

步骤 4: 指定角平分线的长度,如图 2-33 所示。

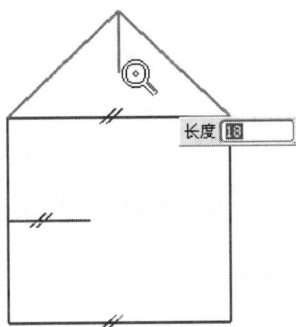

图 2-32　选择相交斜线为参考直线

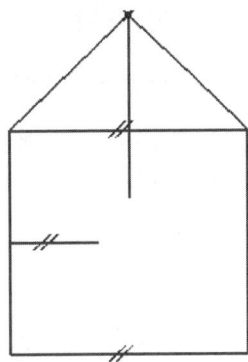

图 2-33　指定角平分线长度

2.3.4　草图镜像

草图镜像就是镜像草图中的曲线,镜像曲线是指通过现有草图曲线创建草图几何图形的镜像副本,并将此镜像曲线转化为参考直线。

创建镜像曲线的操作步骤如下。

步骤 1: 选择"插入"→"镜像曲线"菜单命令,或者在"草图曲线"工具栏中单击"镜像曲线"按钮，将弹出"镜像曲线"对话框,如图 2-34 所示,提示选择中心线、选择线性对象或平面。

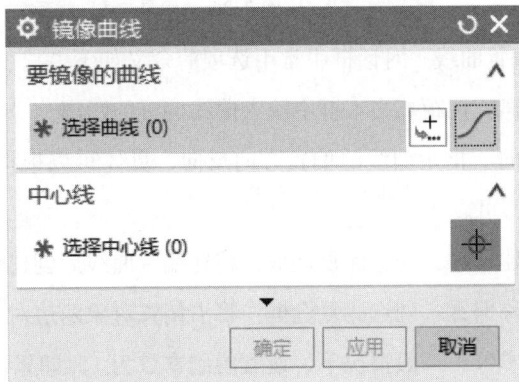

图 2-34　"镜像曲线"对话框

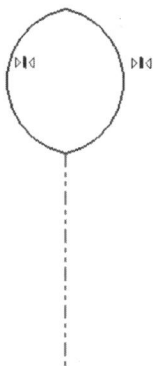

图 2-35 镜像曲线

步骤 2： 在草图中，选择直线为线性对象，然后选择圆弧为镜像曲线，在"镜像曲线"对话框中单击"确定"按钮，即可将圆弧沿中心线镜像，如图 2-35 所示。

2.3.5 偏置曲线

偏置曲线是指将草图平面上的曲线链指定偏置的距离来偏移曲线。选择"插入"→"偏置曲线"菜单命令，或者在"草图曲线"工具栏中单击"偏置曲线"按钮，将打开"偏置曲线"对话框，如图 2-36 所示。

图 2-36 "偏置曲线"对话框

"偏置曲线"对话框中常用选项的含义如下。

距离：在距离文本框中输入曲线偏置的距离。

反向：指定曲线的偏置方向反向，具体可以根据用户需要设置，只需要单击反向右边的按钮即可。

创建尺寸：勾选此复选框，将在偏置曲线后创建偏置距离的尺寸。

对称偏置：勾选此复选框，将沿偏置对象两边对称偏置。

副本数：一般情况下，设置的副本数为 1，如果设置多个副本，将沿指定的方向偏移多个副本，副本之间的距离为偏移的距离。

创建偏置曲线的操作方法如下。

步骤 1：选择"插入"→"偏置曲线"菜单命令，在"偏置曲线"对话框中，设置偏置距离为 2，勾选"对称偏置"复选框，设置副本数为 5。如图 2-37 所示。

图 2-37　设置参数

步骤 2：在草图中，选择曲线为偏置对象，然后在"偏置曲线"对话框中单击"确定"按钮，曲线将向外偏置 5 个副本，向里偏置 5 个副本，如图 2-38 所示。

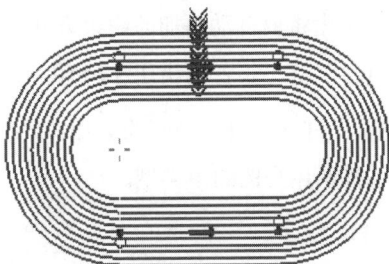

图 2-38　偏置曲线

2.3.6　草图约束

草图约束分为尺寸约束和几何约束，尺寸约束控制图形的几何尺寸，几何约束控制图形的几何形状和相对位置。用户先绘制出图形的相似轮廓，然后向对象添加尺寸约束和几何约束，一旦添加了约束，每条曲线的端点都会出现一个黄色小箭头，用于表示约束。

进入草图环境后，将出现"草图约束"工具栏，可以单击相应的按钮来向对象添加约束，如图 2-39 所示。

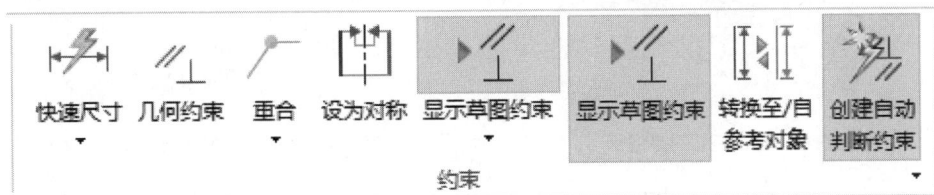

图 2-39　"草图约束"工具栏

在一般绘图过程中，我们习惯于先绘制出对象的大概形状，然后通过添加"几何约束"来定位草图对象和确定草图对象之间的相互关系，再添加"尺寸约束"来驱动、限制和约束草图几何对象的大小和形状。下面先介绍如何添加"几何约束"，再介绍添加"尺寸约束"的具体方法。

2.3.7　几何约束

几何约束条件可以保证草图中各类线条（点）之间符合预期的几何关系（相切、垂直、平行等）。几何约束选择框中约束的种类随着所选对象的不同而变化。

UG NX 12.0 中几何约束的添加方式有两种：一种是自动判断约束；另一种是手动添加约束。

下面介绍添加两种几何约束的方法。

• 自动判断约束：在 UG NX 12.0 草图绘制过程中，系统会自动捕捉用户的约束意图，提示用户将要自动添加的约束方式，如图 2-40 所示。在系统默认情况下，系统可以以水平、竖直、平行、垂直和相切 5 种方式进行约束提示，同时用户也可以通过单击"自动约束"按钮 ，打开"自动判断约束和尺寸"对话框，如图 2-41 所示。在此对话框中可以设置系统自动提示用户的约束类型。

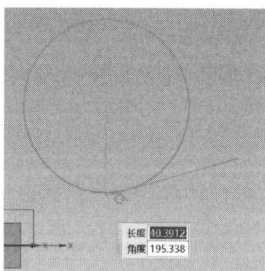

图 2-40　自动相切约束提示

图 2-41　"自动判断约束和尺寸"对话框

• 手动添加约束：在当前草图中没有添加约束方式或对自动约束设置不满意时，用户可以通过手动方式建立所选对象的约束。在"草图约束"工具栏上单击"几何约束"按钮 ，然后在草图中选择要添加约束的曲线，草图区域中将显示"约束"工具栏，在"约束"工具栏上单击相应的按钮即可添加约束，如图 2-42 所示。

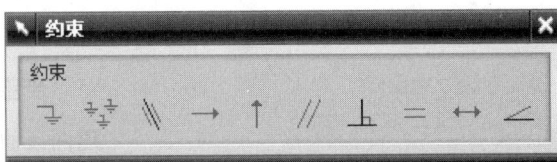

图 2-42 "约束"工具栏

提示：选择不同的曲线，"约束"工具栏上出现的按钮不同。

表 2-1 是"约束"工具栏上所有的按钮功能说明。

表 2-1 "约束"工具栏上的按钮功能

按钮图标	名称	功能或含义
	固定	约束一个或多个曲线或顶点，使之固定
	完全固定	约束一个或多个曲线或顶点，使之固定
	共线	约束两条或多条线，使之共线
	水平	将一条或多条曲线约束为水平
	竖直	将一条或多条曲线约束为竖直
	平行	约束两条或多条曲线，使之平行
	垂直	约束两条曲线，使之垂直
	等长	约束两条或多条线，使之等长
	定长	约束两条或多条线，使之定长
	定角	约束两条或多条线，使之定角
	相切	约束两条曲线，使之相切
	同心	约束两条或多条曲线，使之同心
	等半径	约束两个或多个选定的圆弧，使之半径相等
	点在曲线上	将顶点或点约束到一条曲线上
	中点	将顶点或点约束为线或圆弧的中点对齐

几何约束的操作方法如下。

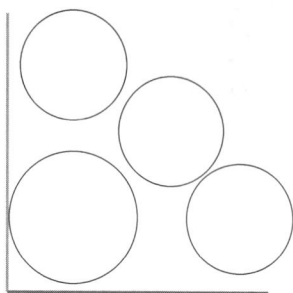

图 2-43　绘制图形

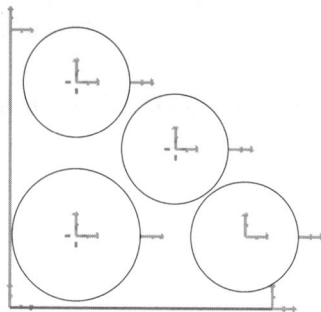

图 2-44　显示自由度

步骤 1：在草图环境中创建两条直线，再创建四个圆，如图 2-43 所示。

步骤 2：在"草图约束"工具栏上单击"几何约束"按钮，图形中将显示小黄箭头，表示自由度，如图 2-44 所示。

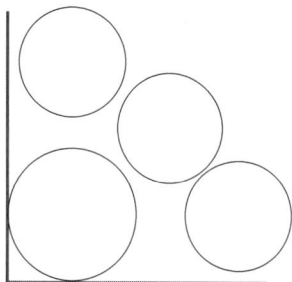

图 2-45　将直线和最靠近直线的圆约束

步骤 3：在草图中，先选择最靠近直线的圆，然后选择竖直直线，在"约束"工具栏上单击相切按钮，圆将靠近直线并与直线相切，再选择水平直线、圆，在"约束"工具栏上单击相切按钮，圆将靠近水平直线并相切，如图 2-45 所示。

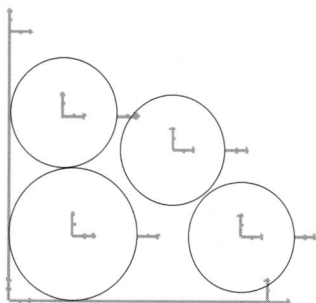

图 2-46　将直线和上端的圆约束

步骤 4：在草图中，选择上端的圆再选择竖直直线，在"约束"工具栏上单击相切按钮，选择上端的圆和水平竖直直线相切的圆，在"约束"工具栏上单击相切按钮，如图 2-46 所示。

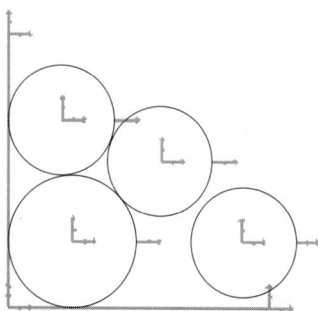

图 2-47　将圆与圆相切约束

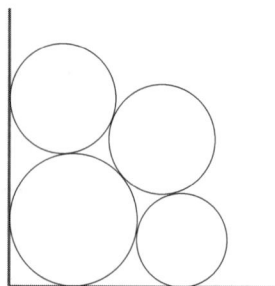

图 2-48　最后效果

步骤 5：按照上述方式，将右上方的圆和前面创建的相切的圆添加相切约束，如图 2-47 所示。

步骤 6：将右端的圆和水平直线、圆添加相切约束，如图 2-48 所示。

2.3.8 尺寸约束

尺寸约束可以对草图进行尺寸标注，通过修改相应尺寸，就可以修改草图，下面将介绍尺寸约束的功能和操作方法。

尺寸标注方式约束包括了水平、垂直、平行、角度等9种标注方式，在"草图约束"工具栏上单击"自动判断"右边的小箭头，将弹出下拉列表选项，如图2-49所示。在"草图约束"工具栏中单击"自动判断"按钮，将显示"快速尺寸"对话框，如图2-49所示。

通过"快速尺寸"对话框，可分别设置尺寸约束方式、尺寸表达式、尺寸标注位置和文本高度。

尺寸约束方式如下。

自动判断：选择该方式时，根据所选草图对象的类型和光标与所选对象的相对位置，采用相应的标注方法。比如，当选择直线时约束的是直线的长度；当选择圆时，约束的是圆的直径。此方法将快速约束对象的尺寸，但针对性不强，有时不能根据需要约束尺寸。

图2-49 "快速尺寸"对话框

水平：选择该方式时，对所选对象进行水平方向（平行于草图工作平面的XC轴）的尺寸约束。标注该类尺寸时，在草图中选取同一对象，将约束对象的水平尺寸，如果要约束不同对象间的水平距离，需要选择对象的两个控制点，则用两点的连线在水平方向的投影长度标注尺寸，如图2-50所示。

竖直：选择该方式时，对所选对象进行垂直方向（平行于草图工作平面的YC轴）的尺寸约束。在草图中选取同一对象，将约束对象的竖直尺寸，如果要约束不同对象间的竖直距离，需要选择对象的两个控制点，垂直标注方式时尺寸约束限制的距离位于两点之间，如图2-51所示。

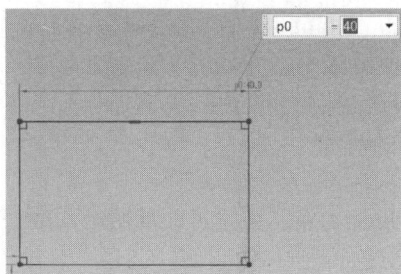

图2-50 水平约束

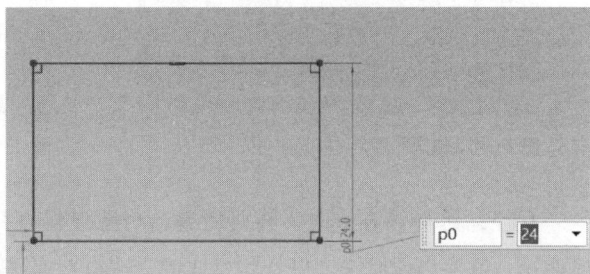

图2-51 竖直约束

点到点：选择该方式时，对所选对象进行平行于对象的尺寸约束。在草图中选取同一对象或不同对象的两个控制点，则用两点的连线的长度标注尺寸（即标注两控制点之间的距离），此方式用于约束斜线的尺寸，如图2-52所示。

垂直：选择该方式时，对所选的点到直线的距离进行尺寸约束。先在草图中选取一直线，再选取一点，则用点到直线的垂直距离长度标注尺寸，尺寸线垂直于所选取的直线。如图2-53所示。

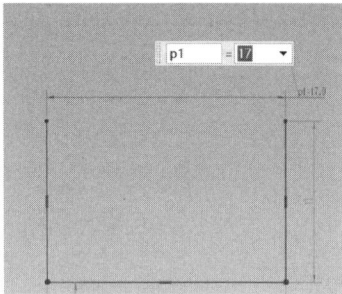

图 2-52　点到点约束

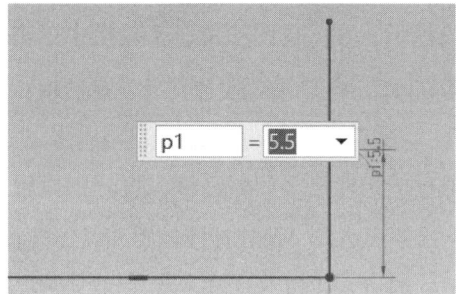

图 2-53　垂直约束

斜角：选择该方式时，将对所选的两条不平行直线创建角度约束。标注该类尺寸时，在草图中一般在远离直线交点的位置选择两直线，则系统会标注这两直线之间的夹角，如果选取直线时光标比较靠近两直线的交点，则标注的该角度是对顶角，而且必须是在草图模式中创建的，如图2-54所示。

径向：选择该方式时，对所选的圆弧对象创建半径约束。标注该类尺寸时，先在草图中选取圆弧或圆，则系统直接标注圆弧的半径尺寸。在标注尺寸时所选取的圆弧或圆必须是在草图模式中创建的。如图2-55所示。

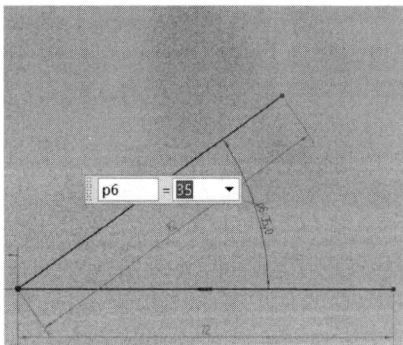

图 2-54　斜角约束

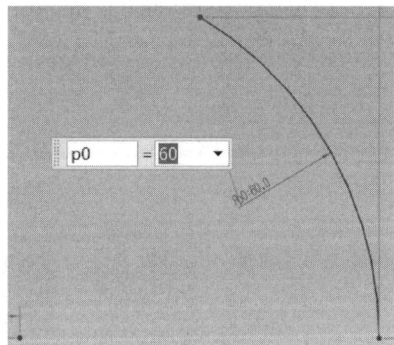

图 2-55　径向约束

直径：选择该方式时，将对所选的对象进行直径的尺寸约束。用户可在草图中选取一段曲线，单击后将显示"尺寸"对话框，可以在对话框中修改直径，如图2-56所示。

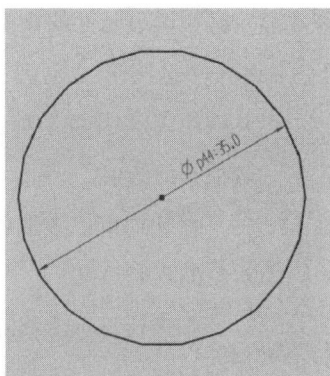

图 2-56　直径约束

2.3.9　关系浏览器

关系浏览器主要是用来查看现有的几何约束，设置查看的范围、查看类型和列表方式，以及移除不需要的几何约束。单击主页"功能"选项卡约束区域中的 按钮，弹出图 2-57 所示的"草图关系浏览器"对话框。

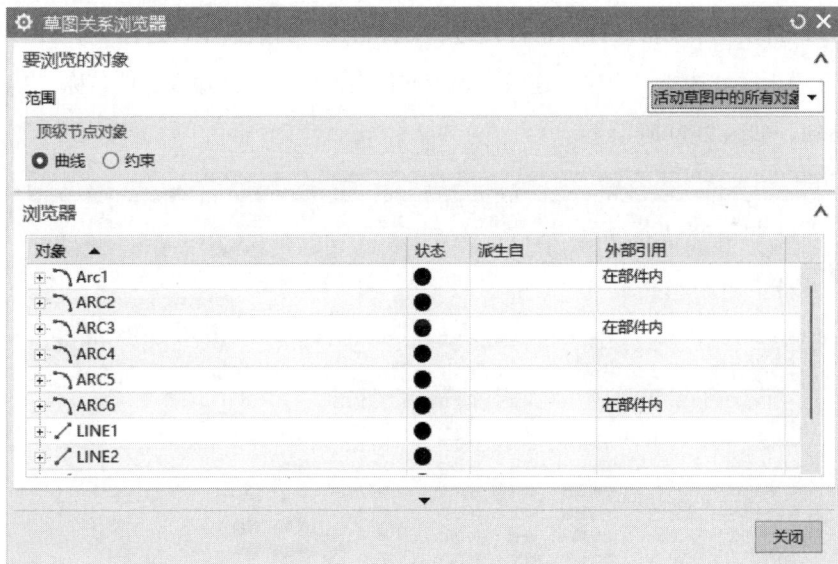

图 2-57　"草图关系浏览器"对话框

"草图关系浏览器"对话框中各选项含义如下。

范围下拉列表：该区域用于设置显示草图对象的约束范围，其中包括 3 个单选按钮。第一个单选按钮表示显示当前所选中的一个草图对象的几何约束，第二个单选按钮表示显示当前所选中的多个草图对象的几何约束，第三个单选按钮表示显示当前草图中的所有对象的几何约束。

约束类型：该选项用于设置在显示区中要显示的约束类型。可通过其下拉列表框列出的约束类型进行设置。同时它还包括两个单选按钮："包括"单选按钮表示显示指定类型的

图 2-58 "草图几何约束"编辑对话框

几何约束，"排除"单选按钮表示现在指定类型以外的其他几何约束。

移除约束：该选项用于移除符合约束条件设置的对象的几何约束。

在进行显示或移除约束操作时，当光标移动到某草图对象上时，该对象及与其关联的其他对象均会高亮显示，并用约束标记显示这些对象之间的几何约束关系，如图 2-58 所示。

2.4 草图绘制实例

本节以绘制保龄球图形为例，利用约束创建草图，具体操作步骤如下。

步骤 1： 新建一个图形文件，在打开的"文件新建"对话框中，选择"单位"为"毫米"后，在模板区域选择"模型"建模，确定文件夹的位置，并输入文件名称"2.4"，单击"确定"按钮，如图 2-59 所示。

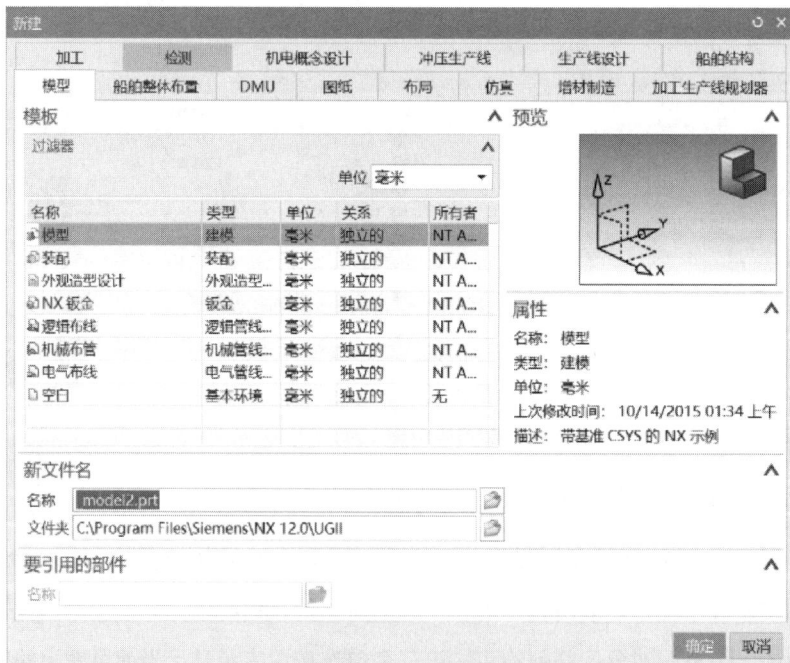

图 2-59 新建图形文件

步骤 2：选择"插入"→"草图"菜单命令，将弹出"创建草图"对话框，单击"创建草图"对话框中的"确定"按钮，将默认的 XC-YC 作为草图平面，完成草图平面设置。如图 2-60 所示。

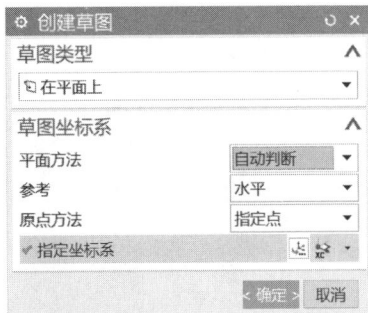

图 2-60　创建草图

步骤 3：在"草图曲线"工具栏中单击"直线"按钮，以坐标原点为直线的起点，绘制一条水平直线，然后在"草图约束"工具栏中，单击"水平"按钮，定义尺寸值为 45，如图 2-61 所示。

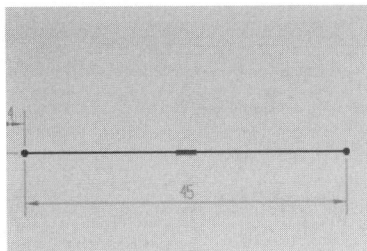

图 2-61　绘制直线

步骤 4：在"草图曲线"工具栏中单击"直线"按钮，以坐标原点为直线的起点，绘制一条有一定斜度的直线，然后在"草图约束"工具栏中，单击"成角度"按钮，定义尺寸值为 103，再单击"平行"按钮，定义尺寸值为 111，如图 2-62 所示。

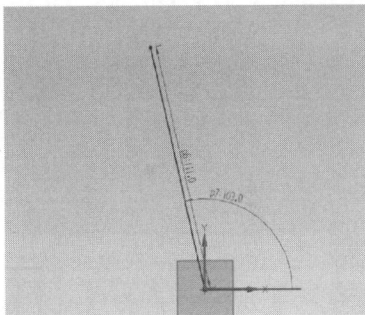

图 2-62　绘制斜线

步骤 5：在"草图曲线"工具栏中单击"直线"按钮，以水平直线右端点为直线的起点，绘制一条竖直直线，然后在"草图约束"工具栏中，单击"竖直"按钮，定义尺寸值为 300，再绘制一条水平直线，不约束其尺寸，如图 2-63 所示。

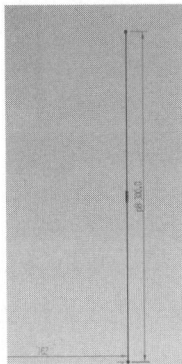

图 2-63　绘制竖直直线

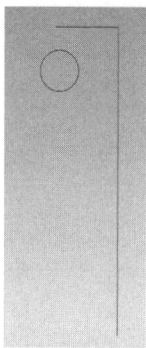

图 2-64 绘制圆

步骤 6： 在"草图曲线"工具栏中单击"圆"按钮，在竖直直线左端任意一点指定圆心位置，绘制一个圆，然后在"草图约束"工具栏中，单击"直径"按钮，定义尺寸值为 50，如图 2-64 所示。

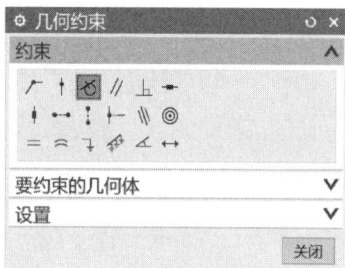

图 2-65 "约束"工具栏

步骤 7： 在"草图约束"工具栏中单击"约束"按钮，然后选择圆和上方的水平直线为对象，将弹出"约束"工具栏，在"约束"工具栏中单击"相切"按钮，如图 2-65 所示。

图 2-66 约束圆和直线相切

步骤 8： 圆将移动到与水平直线相切，再次选择圆和竖直直线，在"约束"工具栏中单击"相切"按钮，圆将移动到与竖直直线相切，如图 2-66 所示。

图 2-67 绘制水平直线和竖直直线

步骤 9： 在"草图曲线"工具栏中单击"直线"按钮，指定竖直直线上的一点为直线的起点，绘制一条水平直线，约束直线的长度为 43，绘制一条竖直直线，如图 2-67 所示。

步骤 10：在"草图曲线"工具栏中单击"圆"按钮，在空白区域中绘制一个圆，约束其直径为190，如图 2-68 所示。

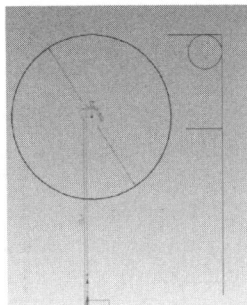

图 2-68　绘制圆

步骤 11：在"草图约束"工具栏中，单击"约束"按钮，然后选择直径为 190 的圆和步骤 9 绘制的竖直直线为对象，在"约束"工具栏中单击"相切"按钮，如图 2-69 所示。

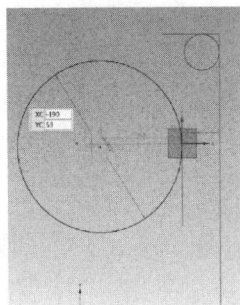

图 2-69　约束圆和竖直直线相切圆

步骤 12：在"草图约束"工具栏中，单击"约束"按钮，在草图中，选择直径为 50 的圆和竖直直线，在"约束"工具栏中单击"固定"按钮，将直线和圆的位置固定，如图 2-70 所示。

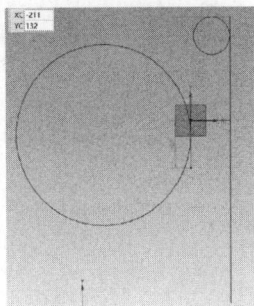

图 2-70　约束直线和圆固定

步骤 13：在"草图约束"工具栏中，单击"约束"按钮，选择两个圆为对象，在"约束"工具栏中单击"相切"按钮，大圆将移动到和小圆相切，然后在图形右方绘制一个圆，将其直径约束为250，如图 2-71 所示。

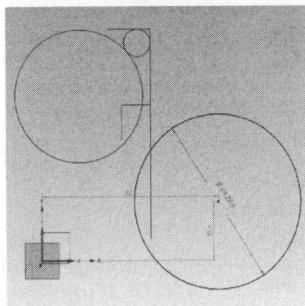

图 2-71　约束两圆相切

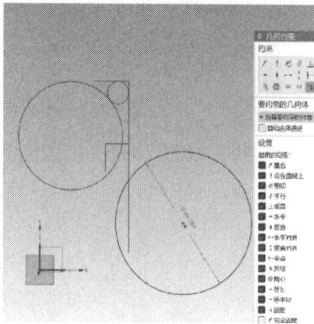

图 2-72　将斜线位置固定

步骤 14： 在"草图约束"工具栏中，单击"约束"按钮，选择斜线和直径为 190 的圆为对象，在"约束"工具栏中单击"固定"按钮，将斜线和圆的位置固定，如图 2-72 所示。

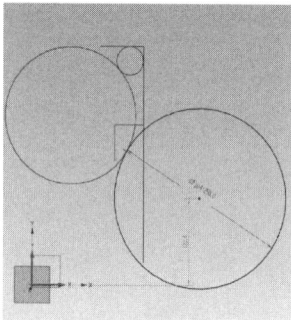

图 2-73　施加"两圆相切"约束

步骤 15： 在"草图约束"工具栏中，单击"约束"按钮，选择直径为 250 的圆和斜线为对象，在"约束"工具栏中单击"相切"按钮 ○，圆将移动到和斜线相切，然后再将直径为 250 的圆和直径为 190 的圆约束为相切，如图 2-73 所示。

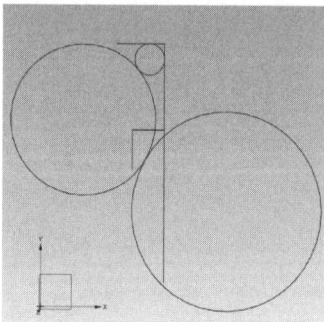

图 2-74　不显示约束

步骤 16： 在草图中删除辅助直线，在"约束"工具栏中单击"不显示约束"按钮，草图中的相切约束将消失，如图 2-74 所示。

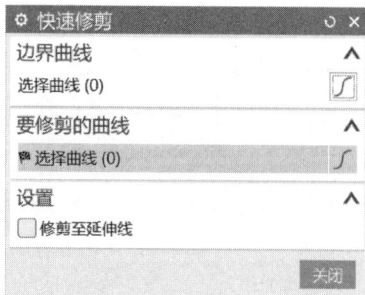

图 2-75　"快速修剪"对话框

步骤 17： 在"草图曲线"工具栏中单击"快速修剪"按钮，将弹出"快速修剪"对话框，在"快速修剪"对话框中单击"要修剪的曲线"右边的按钮，如图 2-75 所示。

步骤 18： 在草图中，单击要修剪的直线，直线将自动被删除，修剪后的草图如图 2-76 所示。

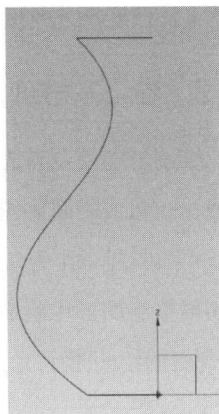

图 2-76　修剪草图

步骤 19： 选择"镜像曲线"命令，在草图中，选择合适的竖直直线或者平面（可提前绘制）为镜像中心线，然后选择中心线左边的曲线为镜像曲线，在"镜像曲线"对话框中单击"确定"按钮，镜像后的图形如图 2-77 所示。

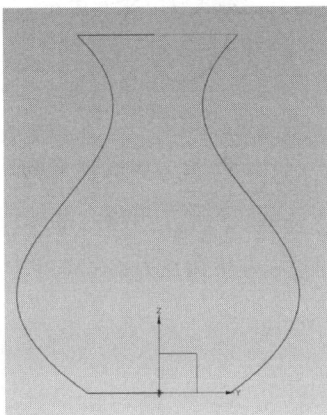

图 2-77　草图镜像

2.5　草图绘制技巧与关键技术

2.5.1　几何约束添加

在"草图曲线"工具栏中有个"配置文件"按钮，可以绘制连续的直线和圆弧，也就是上一条曲线终点是下一条曲线的起点。在绘制直线时，按住鼠标左键并拖动可以创建圆弧。用"配置文件"绘制的曲线是相关联的，不利于添加几何约束。

在给曲线添加几何约束时，有时会违背用户的意愿，比如，在约束两条直线平行时，可以先向一条曲线添加固定约束，然后向两条曲线添加平行约束，固定约束后的直线将不会移动。不能向两条平行的直线添加垂直约束，也不能向两条相互垂直的直线添加平行约束。

在绘制两条直线时，如果绘制的是两条相互垂直的直线，在添加尺寸角度约束时，不能改变垂线的角度。几何约束后，不能向曲线添加相关的尺寸约束。比如添加了几何角度约束，就不能改变尺寸角度约束；添加了恒定长度约束，就不能修改水平距离约束等。

2.5.2 参考基准确定

二维图形的绘制首先要找到参考基准，从参考基准（绘制参照）开始绘制。一般来说，在有圆、圆弧或椭圆的图中，参考基准就是圆心，如图 2-78 所示。如果有多个圆出现，那么以最大圆的圆心作为参考基准中心。

如果整个图形中没有圆，那么从测量基准点开始绘制，也就是左下角点或者左上角点（从左到右的绘图顺序），如图 2-79 所示。

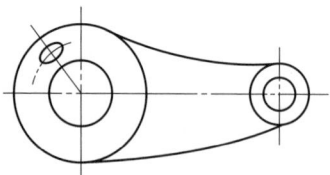

图 2-78 以圆心为参考基准

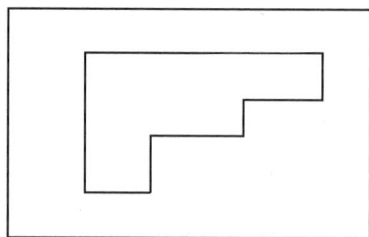

图 2-79 以左角点为参考基准

某些图形中有圆、圆弧或椭圆等，但不是测量基准，不足以作为参考基准使用，那么仍然以左下角点为参考基准中心，如图 2-80 所示。

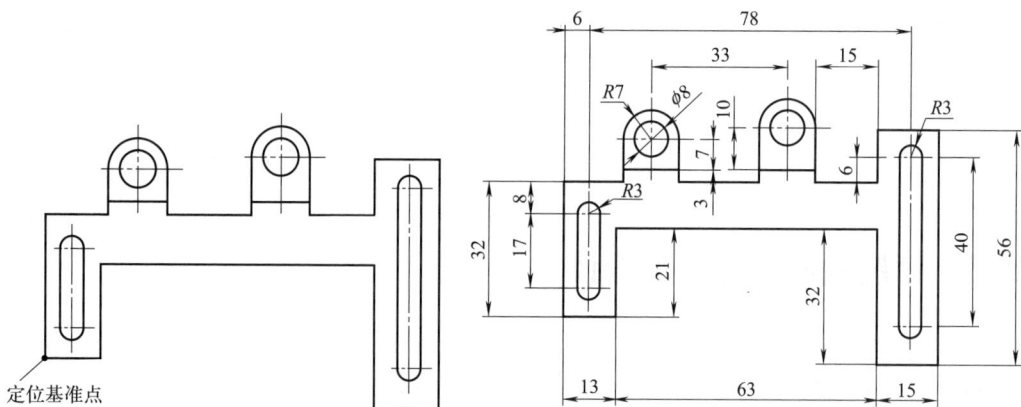

图 2-80 图形中有圆但圆心不足以作为参考基准

综上所述，对于参考基准不是很明确的情况，我们要进行综合分析，首先要确定图形中的圆是不是主要的轮廓线；其次确定是不是测量基准（对于有尺寸的图形来讲）；若没有尺寸标注，最后需要分析这个圆是不是主要轮廓圆（主要轮廓是以"此截面是否为主体特征截面"而言的），不是主要轮廓，则以直线形图形的角点作为参考基准中心。

2.5.3 图形的结构分析

图形的结构分析是新手绘图的难点，这个问题若解决了就不再是新手了。看见一个图形，首先要分析此图形的结构。为什么要分析结构？理由很简单，就是要找到快速绘图的捷径。

对称结构：对称结构的图形，可以用草绘环境中的镜像工具，先绘制对称中心线一侧的图形，再镜像出另一侧的图形，如图 2-81 所示。

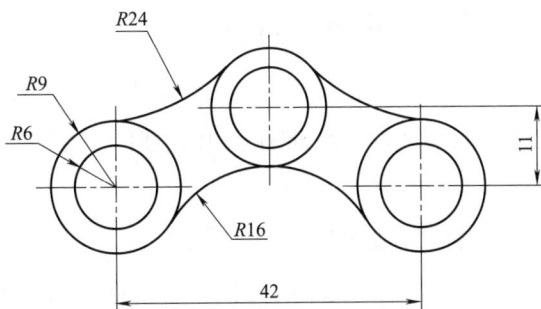

图 2-81　对称结构

旋转结构：对于此结构图形，可以先在水平或者竖直方向上绘制图形，然后使用旋转调整大小工具旋转一定角度，从而减少倾斜绘制图形的麻烦，如图 2-82 所示。

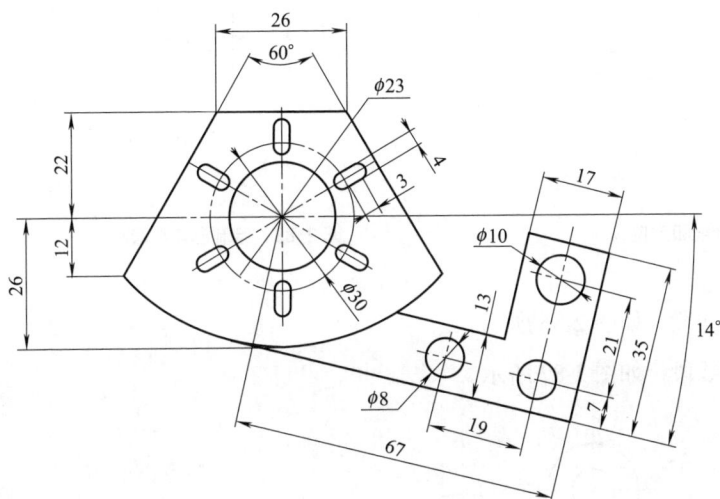

图 2-82　旋转结构

阵列结构：具有阵列特性的图形分为线性阵列和圆形阵列，如图 2-83 所示。

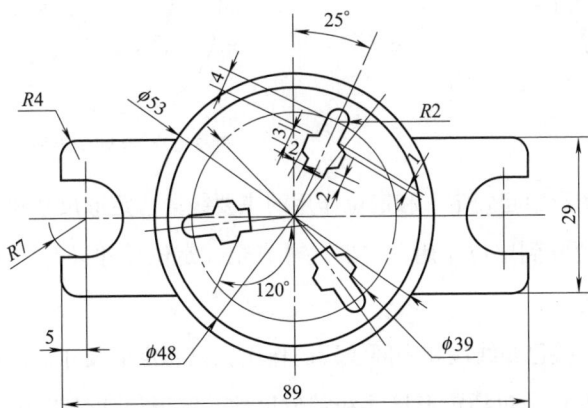

图 2-83　阵列结构

2.5.4　作图顺序的确定

每一个二维几何图形都由已知线段、中间线段和连接线段构成。找到绘制的基准中心以后，接着就以"已知线段—中间线段—连接线段"的顺序进行绘制。下面以简单案例进行介绍。

绘制手柄支架草图的步骤如下。

① 先绘制出基准线和定位线，如图 2-84 所示。

② 画已知线段，即标注尺寸的线段，如图 2-85 所示。

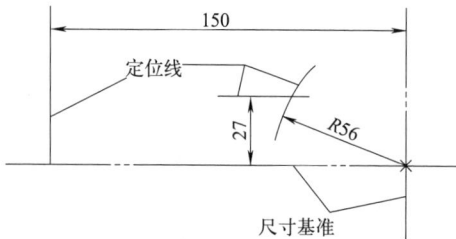

图 2-84　绘制基准线和定位线

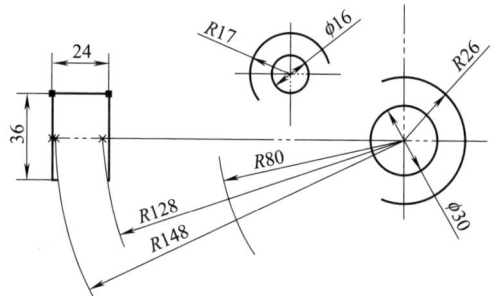

图 2-85　绘制已知线段

③ 画中间线段，如图 2-86 所示。

④ 画连接线段，如图 2-87 所示。

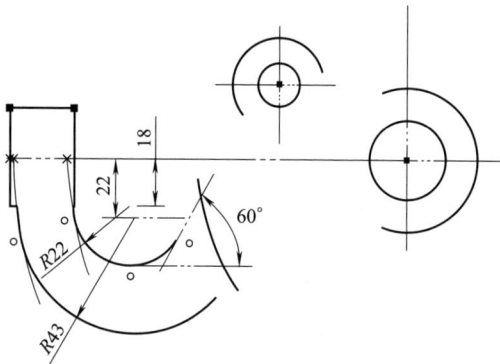

图 2-86　绘制中间线段

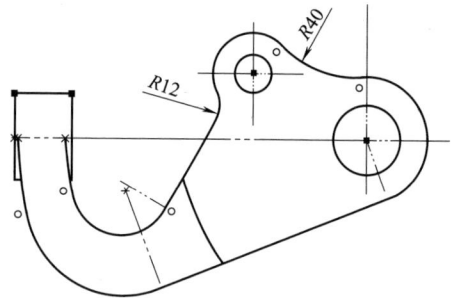

图 2-87　绘制连接线段

已知线段：在图形中起到定形和定位作用的主要线段，定形尺寸和定位尺寸齐全。

中间线段：主要起到定位作用，定形尺寸齐全，定位尺寸只有一个，另一个定位由相邻的已知线段来确定。

连接线段：起连接已知线段和中间线段的作用，只有定形尺寸，无定位尺寸。

一幅完整图形的尺寸包括定形尺寸和定位尺寸。定形尺寸是指用于确定几何图形中图元形状大小的尺寸，如直径／半径尺寸、长度尺寸、角度尺寸等。定位尺寸是指从基准点、基准线引出的距离尺寸，如用来表达圆弧圆心位置、圆弧轮廓位置等的尺寸，如图2-88所示。

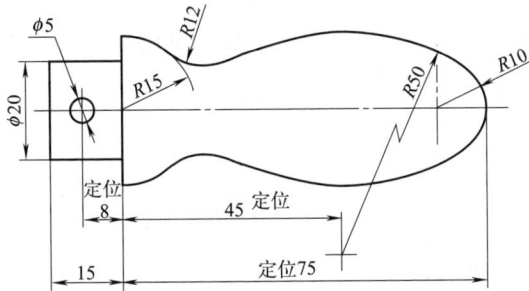

图 2-88 定形尺寸和定位尺寸

本 章 小 结

本章中主要讲解了绘制草图曲线的一般命令，包括点、直线、圆、圆弧、矩形和样条曲线，还介绍了草图操作的常用命令，包括快速修剪、快速延伸、草图镜像、派生直线和偏置直线，掌握这些草图操作方法可以快速绘制草图。在草图约束中，介绍了几何约束和尺寸约束的添加方法，几何约束很重要，在不了解对象的位置时，可以使用几何约束定位对象。

草图工具是 UG 模具设计的基础。在草图绘制过程中，要灵活运用各种绘图工具和编辑命令，确保草图的准确性和规范性。此外，草图约束功能也是提高设计效率的关键，通过添加几何约束和尺寸约束，可以确保草图元素之间的相对位置和尺寸关系，减少设计过程中的错误。

本 章 习 题

1.填空题

（1）在绘制圆时，有两种方法可以绘制圆，这两种方法分别是_____和_____。

（2）绘制圆弧时，在输入模式中，可以使用_____和_____两种方法输入。

（3）创建圆角时，可以有_____、_____和_____三种不同的圆角。

2.选择题

（1）下面不属于创建矩形的方法是_____。

A.用 2 点　　　　　B.用 3 点　　　　　C.从中心　　　　　D.按面积

（2）下面不能向对象中添加的几何约束是_____。

A.平行　　　　　B.垂直　　　　　C.相交　　　　　D.固定

（3）下面不是创建样条曲线的方法是_____。

A. 过极点　　　　　　　B. 通过点　　　　　　C. 拟合　　　　　D. 平行于平面

3. 问答题 / 上机练习

（1）在 UG NX 12.0 中，可以向对象添加的尺寸约束有哪些？它们的含义分别是什么？

（2）在 UG NX 12.0 中，绘制垫片草图，如图 2-89 所示。

（3）在 UG NX 12.0 中，绘制吊钩草图，如图 2-90 所示。

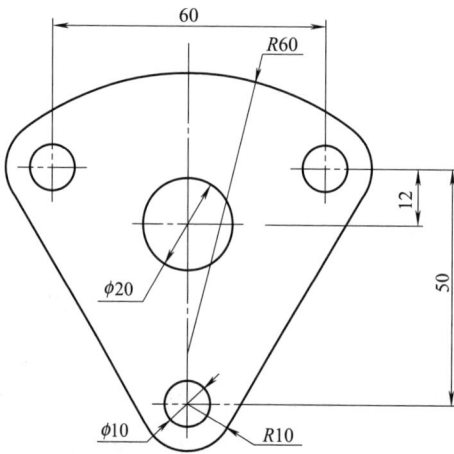

图 2-89　垫片草图

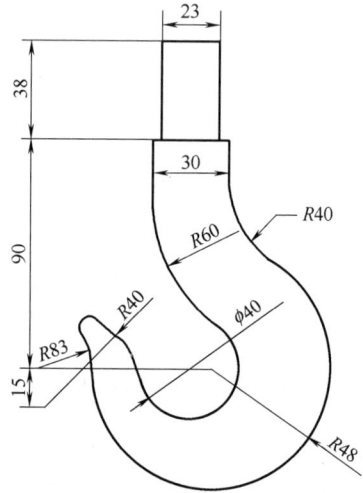

图 2-90　吊钩草图

第 3 章

特征构建

3.1 参考特征

参考特征是建模中用于构造特征的参考设置，UG NX 12.0 的参考特征包括基准平面、基准轴、基准坐标系，本节将介绍这些参考特征的创建方法。

3.1.1 基准平面

在菜单栏中选择"插入"→"基准/点"→"基准平面"命令或在"特征"选项卡中单击"基准平面"按钮 □，将弹出"基准平面"对话框，如图 3-1 所示。基准平面是为辅助作图的需要而建立的平面。在"类型"下拉列表中，有许多创建平面的方式，如图 3-2 所示。

图 3-1　"基准平面"对话框

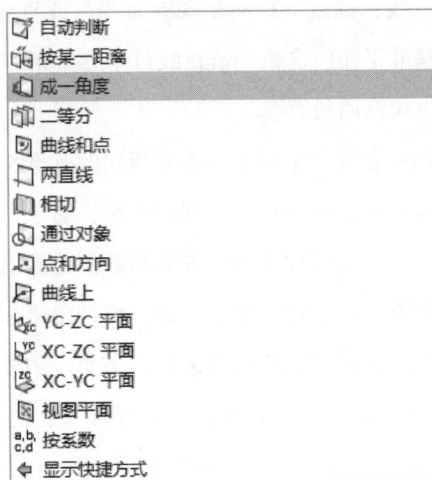

图 3-2　基准平面"类型"下拉列表

"类型"下拉列表中创建平面的方法如下。

自动判断：通过选择的对象自动判断约束条件。例如，选取一个表面或基准平面时，系统自动生成一个预览基准平面，可以输入偏置值和数量来创建基准平面。

成一角度：选择成一角度约束条件，可以通过选择一个基准平面对象，创建与基准平面成一定夹角的平面。

二等分：需要选择两个平面对象，将创建在两个平面之间并平分平面夹角的平面。如图 3-3 所示。

曲线和点：先指定一个点，然后指定第二个点或者一条直线、线性曲线、基准轴、面等。如果选择直线、基准轴、线性曲线或特征的边缘作为第二个对象，则基准平面同时通过这两个对象；如果选择一般平面或基准平面作为第二个对象，则基准平面通过第一个点，但与第二个对象平行；如果选择两个点，则基准平面通过第一个点并垂直于这两个点所定义的方向；如果选择三个点，则基准平面通过这三个点。如图 3-4 所示。

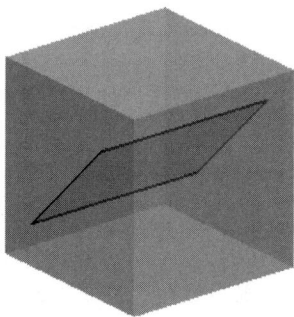

图 3-3　使用二等分创建平面

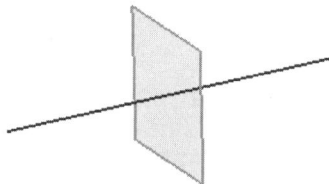

图 3-4　使用曲线和点创建平面

两直线：通过选择两条现有直线，或直线与线性曲线、面的法向矢量或基准轴的组合，创建的基准平面包含第一条直线且平行于第二条线。如果两条直线共面，则创建的基准平面将同时包含这两条直线。

相切：创建一个与非平的面相切的基准平面。

通过对象：选择对象来创建平面，对象可以是面或曲线。

按系数：通过输入方程式的参数创建平面。

点和方向：指定平面上一点，再指定平面的法向矢量方法来创建平面。

曲线上：选择曲线或边来创建平面，需要指定平面在曲线上的位置。

YC-ZC 平面：创建与 YC-ZC 平面平行的平面，可以指定距离确定两平面之间的距离。

XC-ZC 平面：创建与 XC-ZC 平面平行的平面，可以指定距离确定两平面之间的距离。

XC-YC 平面：创建与 XC-YC 平面平行的平面，可以指定距离确定两平面之间的距离。

3.1.2　基准轴

在菜单栏中选择"插入"→"基准 / 点"→"基准轴"命令或在"特征"选项卡中单击"基准轴"按钮 ↑，将弹出"基准轴"对话框，如图 3-5 所示。基准轴也用于构造其他特征。在"类型"下拉列表中，包含了 9 种创建基准轴的方式，如图 3-6 所示。

图 3-5 "基准轴"对话框

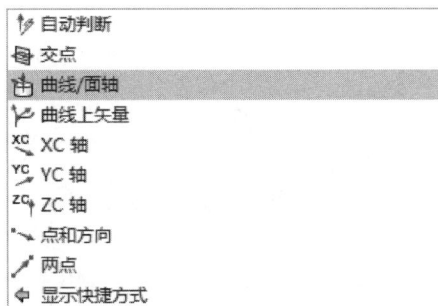

图 3-6 基准轴"类型"下拉列表

"类型"下拉列表中创建基准轴的方法如下。

自动判断：根据目前光标所在的位置，自动判断出所选取的对象，按约束条件创建基准轴。

交点：通过选择两个平面或基准平面，根据两个平面的交线来创建基准轴。

曲线 / 面轴：选择曲线来创建基准轴。

曲线上矢量：选择曲线或边，然后设置轴在曲线上的位置和方法来创建基准轴。如图 3-7 所示。

XC 轴：创建与 XC 轴平行的基准轴。

YC 轴：创建与 YC 轴平行的基准轴。

ZC 轴：创建与 ZC 轴平行的基准轴。

点和方向：指定一个点和矢量方向来创建基准轴。

两点：指定两个点来创建基准轴。如图 3-8 所示。

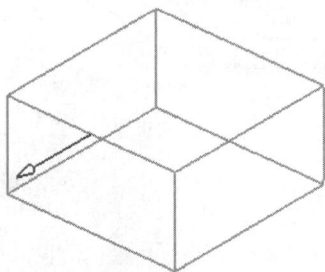

图 3-7 通过曲线上矢量创建基准轴

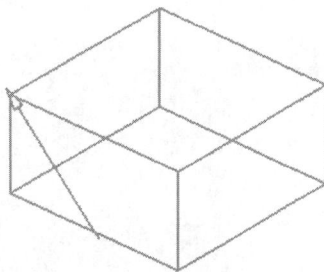

图 3-8 两点创建基准轴

3.1.3 基准坐标系

在菜单栏中选择"插入"→"基准 / 点"→"基准坐标系"命令或在"特征"选项卡中单击"基准坐标系"按钮，将弹出"基准坐标系"对话框，如图 3-9 所示。创建基准坐标系可以用于构造其他特征。在"类型"下拉列表中，包含了多种创建基准坐标系的方式，如图 3-10 所示。

图3-9 "基准坐标系"对话框

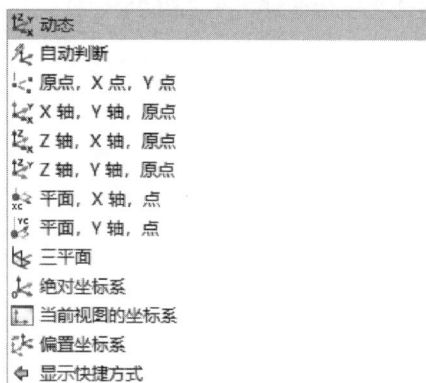

图3-10 基准坐标系"类型"下拉列表

"类型"下拉列表中创建基准坐标系的方法如下。

动态：选择此方法，坐标系将处于动态，可以拖动原点或输入新的原点坐标来移动。如图3-11所示。

自动判断：根据目前光标所在的位置，自动判断出所选取的对象，按过滤器设置创建基准坐标系。

原点，X点，Y点：设置新的坐标系的原点、X轴上的一点和Y轴上的一点来创建基准坐标系。

X轴，Y轴，原点：依次指定X轴上的一点、Y轴上的一点和原点来定义基准坐标系。

三平面：选择三个平面来创建基准坐标系，第一个平面法向定义X轴，第二个平面法向定义Y轴，第三个平面法向定义Z轴。如图3-12所示。

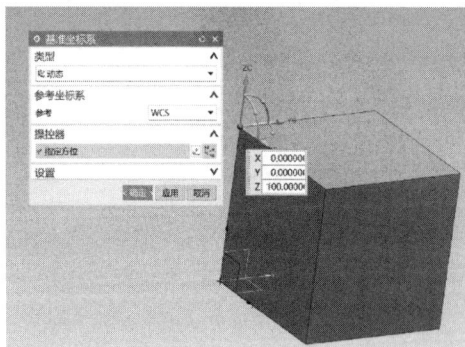

图3-11 使用动态创建基准坐标系

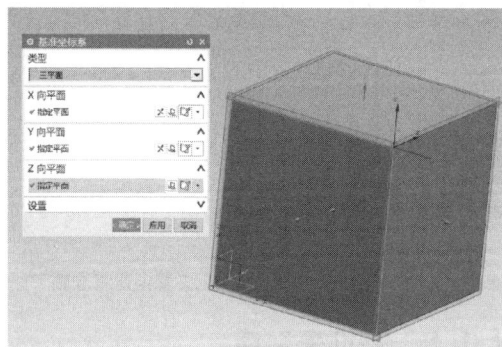

图3-12 通过三平面创建基准坐标系

绝对坐标系：自动创建一个绝对坐标系。

当前视图的坐标系：显示当前视图中的坐标系。

偏置坐标系：通过指定与所选择的坐标系轴向的偏移距离来创建一个基准坐标系。

3.2 扫描特征

创建的扫描特征是相关联的特征，它与截面、生成方向、基准面等基础特征相关联，同时也是参数化建模，它的参数可以修改。

3.2.1 拉伸

在"特征"选项卡中单击"拉伸"按钮 ，将弹出"拉伸"对话框，如图 3-13 所示。可以沿矢量拉伸一个截面创建特征。

"拉伸"对话框中各选项的含义如下。

选择曲线：选择需要拉伸的曲线，可以选择面、单条曲线、相连曲线、相切曲线、面的边、片体边、特征曲线、自动判断曲线等。

方向：用于设置拉伸截面的方向，可以单击"指定矢量"按钮，将弹出"矢量"对话框，用于设置矢量方向。

限制：用于设置拉伸距离的参数，可以将开始和结束设置为值或对称值，在"距离"文本框中需要输入拉伸的起点和终点距离，可以是正值或负值，如果是负值，将向相反的矢量方向拉伸。开始和结束只能同时设置为值或对称值，设置开

图 3-13 "拉伸"对话框

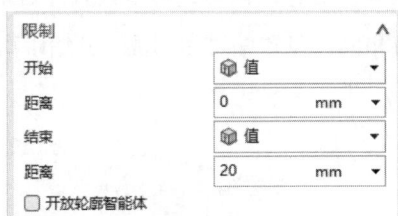

始和结束为值，开始距离为 0，终点距离为 20，选择圆弧为拉伸对象，如图 3-14 所示。

图 3-14 拉伸曲线

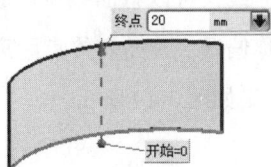

设置开始和结束为对称值，开始距离为 20，终点距离为 20，选择圆弧为拉伸对象，拉伸效果如图 3-15 所示。

布尔：用于设置布尔操作。

拔模：可以设置拉伸截面的角度，包含了五种不同的限制方式，选择不同的方式，可以设置不同拉伸截面的角度，如图 3-16 所示。设置拔模为从起始限制，设置角度为 30°，拉伸效果如图 3-17 所示。

图 3-15　对称拉伸

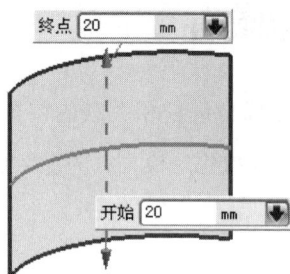

图 3-16　设置拔模

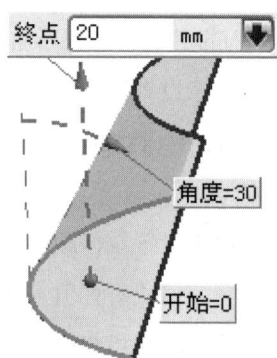

图 3-17　设置角度拉伸

偏置：可以设置偏置为无、单侧、两侧和对称，如图 3-18 所示。偏置拉伸时，如果选择的是不封闭的曲线，可以将曲线拉伸成实体；选择两侧时，可以设置开始距离和终点距离；如果选择对称偏置，开始和终点距离将相同。设置偏置为两侧，开始距离为 -7，终点距离为 3，拉伸效果如图 3-19 所示。

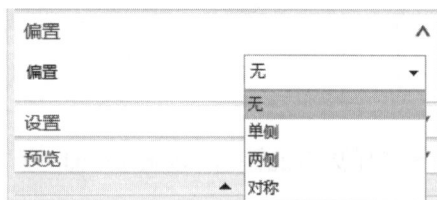

图 3-18　设置偏置

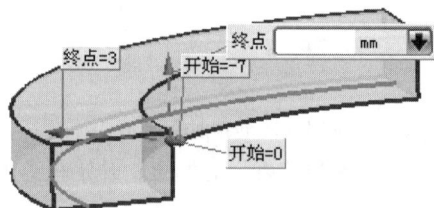

图 3-19　两侧偏置拉伸

需要注意的是，在"拉伸"对话框的"设置"选项组中，将体类型设置为"片体"，拉伸的封闭曲线将是片体；如果设置的是"实体"，拉伸的封闭曲线将是实体，如图 3-20 所示。

图 3-20   拉伸后的实体和片体

3.2.2   沿引导线扫掠

在"曲面"选项卡中单击"沿引导线扫掠"按钮 ，将弹出"沿引导线扫掠"对话框，如图 3-21 所示。可以通过沿引导线扫掠来创建体。选择截面曲线，再选择引导线后，需要在对话框中设置偏置距离，偏置距离可以是正值或负值。

选择圆为截面线，圆弧为引导线，设置第一偏置为 0，第二偏置为 -2，扫掠后的效果如图 3-22 所示。

图 3-21   "沿引导线扫掠"对话框

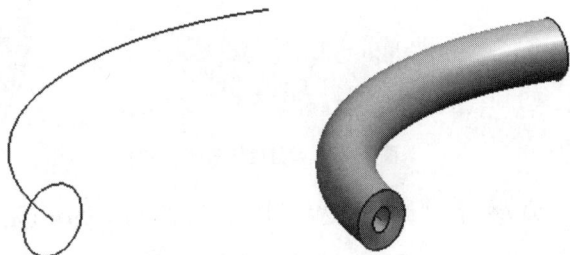

图 3-22   沿引导线扫掠后效果

3.2.3   旋转

在"特征"选项卡中单击"旋转"按钮 ，将弹出"旋转"对话框，如图 3-23 所示。旋转是通过绕轴旋转截面来创建特征。

"旋转"对话框中各选项的含义如下。

截面：选择截面曲线。和拉伸选择的截面曲线一样。

轴：选择截面的旋转轴，可以单击"指定矢量"按钮，在"矢量"对话框中设置旋转体的轴。

限制：在"限制"选项组中，可以设置开始和结束为值或直至选定对象，如果设置开始和结束为值，如图 3-24 所示，需要输入旋转角度。如果设置开始和结束为直至选定对象，需要选定面、体或基准平面对象。

图 3-23 "旋转"对话框

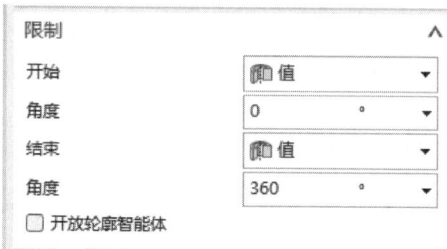

图 3-24 设置限制类型

选择圆弧为截面对象，直线为矢量轴，设置限制开始和结束为值，开始角度为 0，终点角度为 360°，旋转效果如图 3-25 所示。

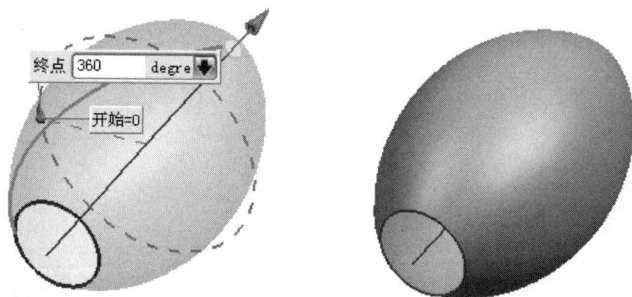

图 3-25 设置旋转角度

偏置：在"偏置"选项组中，只能选择两侧或无，选择两侧偏置，设置开始为 0，终点为 5，如图 3-26 所示。设置两侧偏置效果如图 3-27 所示。

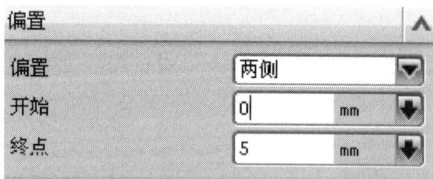

图 3-26 设置两侧偏置

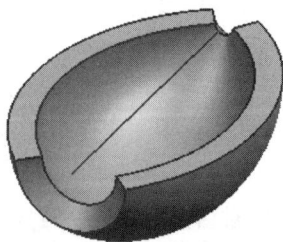

图 3-27 偏置旋转体

3.2.4 管道

在"特征"选项卡中单击"管道"按钮 ，将弹出"管"对话框，如图 3-28 所示。通过沿曲线扫掠圆形截面来创建实体，可以选择外径和内径。

管道的创建方法很简单，直接选取管道中心线路径的曲线后，在"管"对话框中设置管道横截面的外径和内径，单击"确定"按钮，即可创建管道，如图 3-29 所示。

图 3-28 "管"对话框

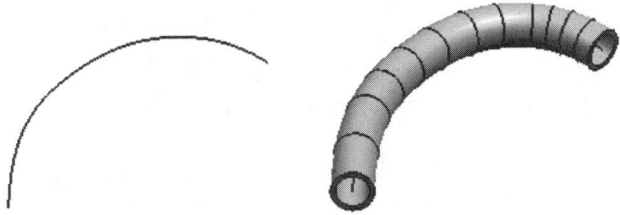

图 3-29 创建的管道

3.3 基本体素特征构建

特征是组成零件的基本单元。一般而言，长方体、圆柱体、圆锥体和球体这 4 个基本体素特征常常作为零件模型的第一个特征（基础特征）使用，然后在基础特征之上，通过添加新的特征以得到所需的模型，因此体素特征对零件的设计而言是最基本的特征。下面分别介绍这 4 个基本体素特征的创建方法。

图 3-30 "长方体"对话框

3.3.1 长方体

在菜单栏中选择"插入"→"设计特征"→"长方体"菜单命令，或者在"特征"选项卡中单击"长方体"按钮，将弹出"长方体"对话框，如图 3-30 所示。

在"长方体"对话框中，有三种创建长方体的方式，分别是指定原点和边长、指定两点和高度、指定两个对角点。

下面介绍使用三种方法创建长方体的具体操作步骤。

步骤 1： 在"特征"选项卡中单击"长方体"按钮，在"长方体"对话框中选择"原点和边长"，设置长方体的长度为 50，宽度为 50，高度为 20，如图 3-31 所示。在视图中，指定坐标原点为长方体的原点，创建的长方体如图 3-32 所示。

图 3-31 设置长方体的长宽高

图 3-32 指定长方体的原点

图 3-33　设置长方体的高度

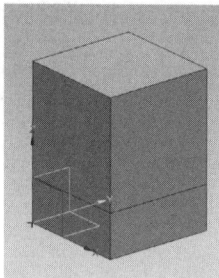

图 3-34　指定长方体底面的对角点

步骤 2：在"长方体"对话框中选择"两点和高度"，在高度文本框中输入高度值为 50，如图 3-33 所示。在视图中，指定长方体底面的对角点，两点不能在同一直线上，创建的长方体如图 3-34 所示。

图 3-35　设置对角点创建长方体

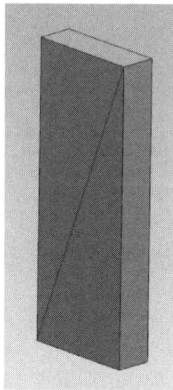

图 3-36　设置两个对角点创建长方体

步骤 3：在"长方体"对话框中选择"两个对角点"，将提示指定点 1 和点 2，如图 3-35 所示。在视图中，为利于捕捉创建长方体，指定的两点不能在同一平面上，创建的长方体如图 3-36 所示。

3.3.2　圆柱体

图 3-37　"圆柱"对话框

在菜单栏中选择"插入"→"设计特征"→"圆柱体"菜单命令，或者在"特征"选项卡中单击"圆柱体"按钮 ，将弹出"圆柱"对话框，如图 3-37 所示。

圆柱体有两种生成方法：指定轴、直径和高度，选择圆弧和高度。下面介绍这两种方法创建圆弧的具体步骤。

步骤 1：在"特征"选项卡中单击"圆柱体"按钮 ![icon]，在"圆柱"对话框中提示指定矢量，指定 X 轴为矢量方向，并设置圆柱体的直径为 30，高度为 20，如图 3-38 所示。单击"确定"按钮，将创建一个以坐标原点为中心点、X 轴正方向为矢量方向的圆柱体，如图 3-39 所示。

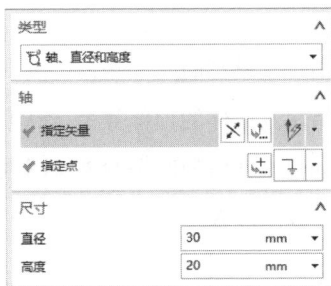

图 3-38 指定矢量并设置直径和高度

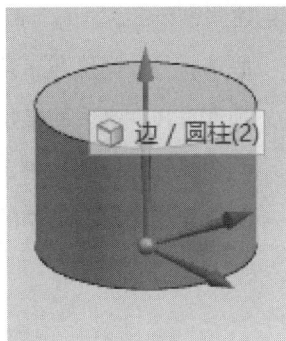

图 3-39 创建的圆柱体

步骤 2：在"圆柱"对话框中，设置类型为"圆弧和高度"，选择圆为对象，将出现一个向上的箭头，如图 3-40 所示。

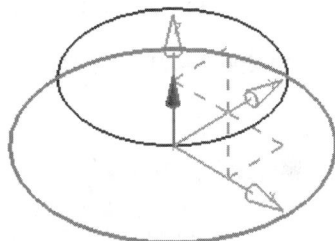

图 3-40 选择圆为对象

步骤 3：在"圆柱"对话框中，在"高度"文本框中输入高度值为 5，单击"确定"按钮，创建的圆柱体如图 3-41 所示。

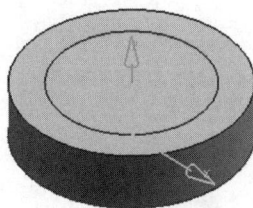

图 3-41 创建高度值为 5 的圆柱体

3.3.3 圆锥体

在菜单栏中选择"插入"→"设计特征"→"圆锥体"菜单命令，或者在"特征"选项卡中单击"圆锥体"按钮 ![icon]，将弹出"圆锥"对话框，如图 3-42 所示。通过定义轴位置和尺寸可以创建圆锥体。

"圆锥"对话框中包含了五种创建圆锥体的方法，其含义如下。

直径和高度：指定圆锥体的底部直径、顶部直径和高度来创建圆锥体。

直径和半角：指定圆锥体的底部直径、顶部直径和半角

图 3-42 "圆锥"对话框

来创建圆锥体。

　　底部直径，高度和半角：指定圆锥体的底部直径、高度和半角来创建圆锥体。

　　顶部直径，高度和半角：指定圆锥体的顶部直径、高度和半角来创建圆锥体。

　　两个共轴的圆弧：指定共轴但不共面的两个圆创建圆锥体。如图 3-43 所示。

　　下面介绍创建圆锥体的具体操作步骤。

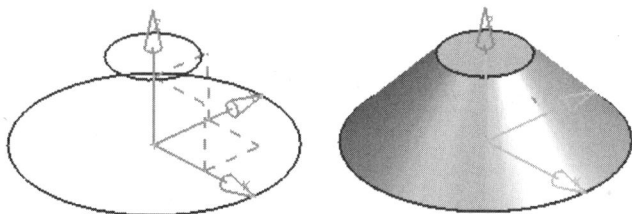

图 3-43　指定两个共轴的圆创建的圆锥体

图 3-44　选择"直径和高度"
设置圆锥体参数

步骤 1： 在"特征"选项卡中单击"圆锥体"按钮，在"圆锥"对话框中选择"直径和高度"，默认 ZC 轴为矢量方向，设置圆锥体底部直径为 30，顶部直径为 5，高度为 20，然后单击"确定"按钮，如图 3-44 所示。

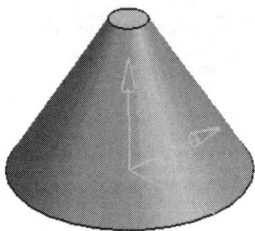

图 3-45　创建的圆锥体

步骤 2： 在视图中，指定坐标原点为圆锥体的中心，然后在"布尔运算"对话框中单击"创建"按钮，创建的圆锥体如图 3-45 所示。

图 3-46　选择"直径和半角"
设置圆锥体参数

步骤 3： 在"特征"选项卡中单击"圆锥体"按钮，在"圆锥"对话框中选择"直径和半角"，默认 ZC 轴为矢量方向，设置圆锥体底部直径为 10，顶部直径为 0，半角为 30，然后单击"确定"按钮，如图 3-46 所示。

步骤 4：在视图中，指定坐标原点为圆锥体的中心，然后在"布尔运算"对话框中单击"创建"按钮，创建的圆锥体如图 3-47 所示。

图 3-47　设置半角创建圆锥体

3.3.4　球体

在菜单栏中选择"插入"→"设计特征"→"球体"菜单命令，或者在"特征"选项卡中单击"球体"按钮 ⬤，将弹出"球"对话框，如图 3-48 所示。通过定义中心位置和尺寸来创建球体。

"球"对话框中有两种创建方式，其含义如下。

· 中心点和直径：选择"中心点和直径"后，将弹出"球"对话框，如图 3-49 所示。提示输入球的直径，在文本框中输入 100，单击"确定"按钮，将弹出"点"对话框，该对话框用于指定球心的位置。然后在"布尔运算"对话框中单击"创建"按钮，创建的球体如图 3-50 所示。

· 圆弧：通过选择圆弧或圆来创建球体，选择圆弧或圆后，不需要输入任何参数即可创建球体，圆弧或圆将位于球体的直径位置上，如图 3-51 所示。

图 3-48　"球"对话框

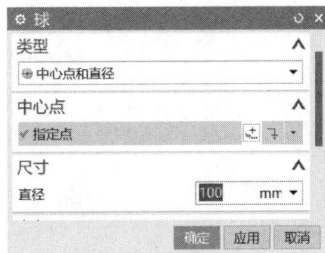

图 3-49　输入球的直径

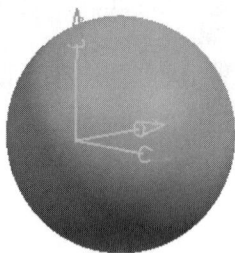

图 3-50 创建的球体

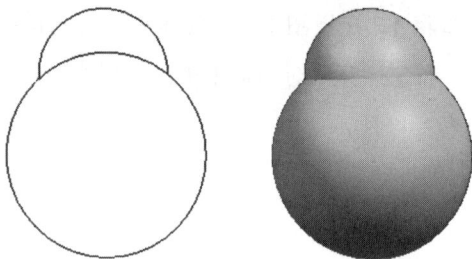

图 3-51 选择圆弧创建球体

3.4 成型特征

成型特征是指添加某些特征可以直接成型的布局位置，这将方便在设计中选择这些特征，然后直接添加到实体中，UG NX 12.0 中的成型特征包括孔、支管、腔、垫块、键槽和沟槽、三角形加强筋等。

3.4.1 孔

图 3-52 "孔"对话框

在菜单栏中选择"插入"→"设计特征"→"孔"菜单命令，或者在"特征"选项卡中单击"孔"按钮，将弹出"孔"对话框，如图 3-52 所示。可以向实体中添加一个孔。

在"孔"对话框中可以创建简单孔、沉头孔和埋头孔。下面介绍创建这三种孔的方法。

简单孔：需要选择一个放置面，还可以选择下一个放置面或基准面，然后定义孔的放置位置，孔的位置可以通过草绘或选择参考点的方式来获得，随后输入孔的直径、深度和顶锥角，单击"确定"按钮完成简单孔绘制。

沉头孔：在"孔"对话框中单击"沉头孔"按钮，可以设置沉头孔的参数，如图 3-53 所示。沉头直径必须大于孔直径，沉头深度必须小于孔深度。沉头孔的创建方法和创建简单孔一样，定位方式也相同。

埋头孔：在"孔"对话框中单击"埋头孔"按钮，可以设置埋头孔的参数，如

图 3-54 所示。埋头直径必须大于孔直径。埋头孔的创建方法和创建简单孔一样，定位方式同样通过草绘或选择参考点的方式确定。

图 3-53　创建沉头孔

图 3-54　创建埋头孔

下面介绍创建这三种孔的具体操作步骤。

步骤 1：在"特征"选项卡中单击"孔"按钮，在"孔"对话框中设置孔的直径为 10，深度为 20，顶锥角为 118，如图 3-55 所示。

步骤 2：在视图中，选择模型左上表面为放置面，如图 3-56 所示。然后在"孔"对话框单击"应用"按钮。

图 3-55　设置简单孔参数

图 3-56　选择放置面

步骤 3：在"位置"对话框中选择孔的加工位置。

步骤 4：在模型中，在靠近实体处选择目标对象，将自动创建一个孔，如图 3-57 所示。

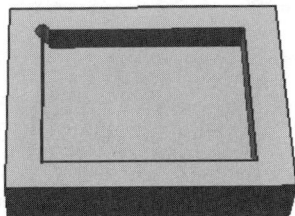

图 3-57　选择目标对象

图 3-58 选择沉头孔参数

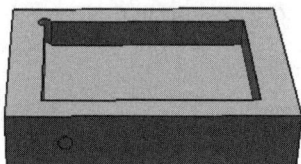

图 3-59 选择放置面

步骤 5：在"特征"选项卡中单击"孔"按钮 ，在"孔"对话框中单击"沉头孔"按钮 ，设置沉头孔的直径为 10，深度为 5，直径为 8，孔深为 20，顶锥角为 118，如图 3-58 所示。

步骤 6：在视图中，选择模型的侧面为放置面，指定位置，如图 3-42 所示。单击"确定"按钮，生成如图 3-59 所示的孔。

步骤 7：然后在"孔"对话框单击"应用"按钮。

3.4.2 支管

图 3-60 "支管"对话框

支管是指可以在模型上添加具有一定高度的圆柱形状，其侧面可以是直的或拔模的，创建后，与原来的实体加在一起成为一体。

UG NX 12.0 隐藏了支管命令，可以通过命令查找器查找添加，将弹出"支管"对话框，如图 3-60 所示。可以在实体表面添加一个圆柱形支管。

下面介绍创建支管的操作步骤。

图 3-61 选择放置面

步骤 1：单击"支管"按钮，在"支管"对话框中，设置支管直径为 8，高度为 15，锥角为 5，然后选择实体上表面为放置面，如图 3-61 所示。

步骤 2：在"支管"对话框中单击"确定"按钮，将弹出"定位"对话框，单击"水平"按钮 ⊞，选择一个水平参考和目标对象，将显示一个水平尺寸，如图 3-62 所示。

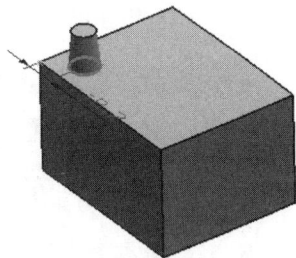

图 3-62　选择参考和目标对象

步骤 3：在"定位"对话框中的表达式文本框中输入 20，单击"应用"按钮，然后单击"竖直"按钮 ⊞，选择一条实体边为目标对象，如图 3-63 所示。

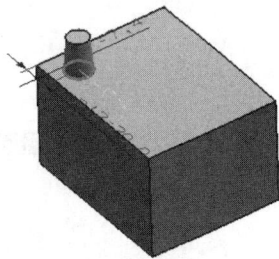

图 3-63　选择目标对象

步骤 4：在"定位"对话框中的表达式文本框中输入 20，单击"确定"按钮，将生成凸台，如图 3-64 所示。

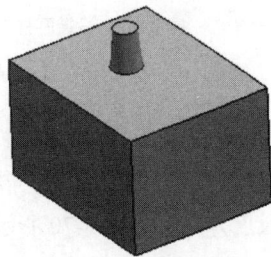

图 3-64　创建的凸台

3.4.3　腔

通过"腔"命令可以在已存实体中建立一个型腔。与支管命令一样，在 UG NX 12.0 版本中对"腔"功能进行了隐藏，需要通过命令查找器调出该功能。点击"腔"按钮 ▣，将弹出"腔"对话框，如图 3-65 所示。

"腔"对话框中可以创建三种类型的腔体，其含义和创建方法如下。

·圆柱形：单击该按钮，将弹出"圆柱腔"对话框，如图 3-66 所示。选择一个放置面后，可以在"圆柱腔"对话框中输入腔体的参数，如图 3-67 所示。

底面半径表示圆柱形腔体的底面倒圆角的半径，锥角指圆柱形腔体的拔锥角度。设置参数后，还需要为腔体定位。其中，底面半径必须小于腔直径。设置腔直径为 20，深度为 10，底面半径为 5，锥角为 5，创建的圆柱形腔体如图 3-68 所示。

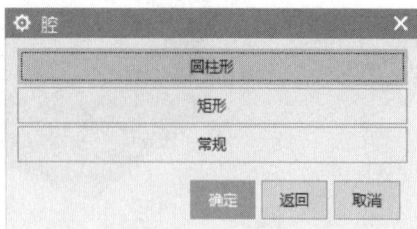

图 3-65 "腔"对话框

图 3-66 "圆柱腔"对话框

图 3-67 设置圆柱形腔体参数

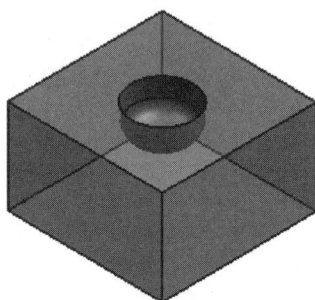

图 3-68 圆柱形腔体

·矩形：单击该按钮，将弹出"矩形腔"对话框，选择一个放置面后，将弹出"水平参考"对话框，如图 3-69 所示。然后需要指定矩形腔体的参考方向，参考方向将是矩形腔体的长度方向，如图 3-70 所示。

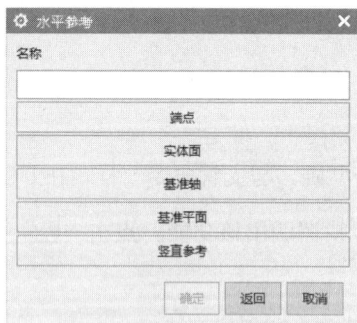

图 3-69 "水平参考"对话框

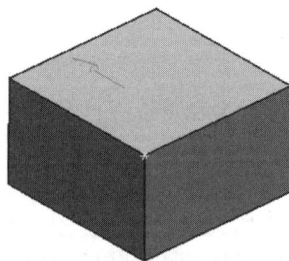

图 3-70 选择参考方向

选择参考方向后，需要在"矩形腔"对话框中输入腔体的参数，如图 3-71 所示。矩形腔体的设置方法和圆柱形腔体的设置方法相同，角半径是指矩形腔体的四条棱边的圆角半径，还需要在"定位"对话框中设置腔体的位置。设置矩形腔体的长度为 30，宽度为 20，深度为 5，角半径为 5，底面半径为 3，锥角为 0，创建的矩形腔体如图 3-72 所示。

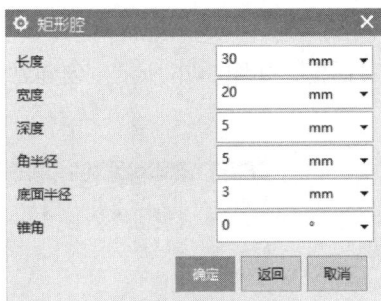

图 3-71　设置矩形腔体参数

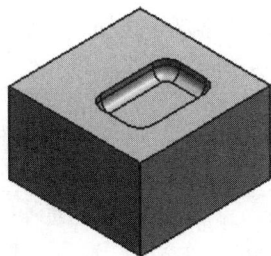

图 3-72　矩形腔体

· 常规：单击此按钮，将弹出"常规腔"对话框，如图 3-73 所示。常规腔体是根据用户选择的轮廓曲线和底面轮廓曲线来创建的腔体。

"常规腔"对话框中"选择步骤"的含义。

· 放置面：选择常规腔体的放置面，放置面可以是平面或基准平面，放置面将成为常规腔体的顶面。

· 放置面轮廓线：用于选择放置面的轮廓曲线。

· 底面：选择常规腔体的底部平面，可以将偏置放置面来创建底面，可以在对话框中输入偏置距离。

· 底面轮廓线：选择曲线用于定义底面轮

图 3-73　"常规腔"对话框

廓线，也可以由放置面轮廓线定义拔锥角来设置底面轮廓线，需要在对话框中输入拔锥角度值。

· 目标体：用于选择目标实体，使创建的一般腔体处于所选取的实体对象上。当选择了底部轮廓线后，则必须指定目标实体。当目标实体不是第一个放置表面所在的对象时，则应单击此按钮来指定放置常规腔体的目标实体。

3.4.4　垫块

在"特征"选项卡中单击"垫块"按钮，将弹出"垫块"对话框，如图 3-74 所示。垫块是指向实体添加材料。

"垫块"对话框中可以创建两种垫块：矩形垫块和常规垫块。创建矩形垫块和创建矩形腔体的方

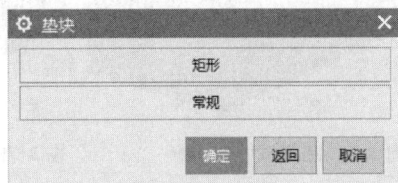

图 3-74　"垫块"对话框

法相同，需要选择放置面和参考方向。需要在"矩形垫块"对话框中设置参数，如图3-75所示。单击"常规"按钮，将弹出"常规垫块"对话框，如图3-76所示。创建常规垫块与创建常规腔体的方法相同。

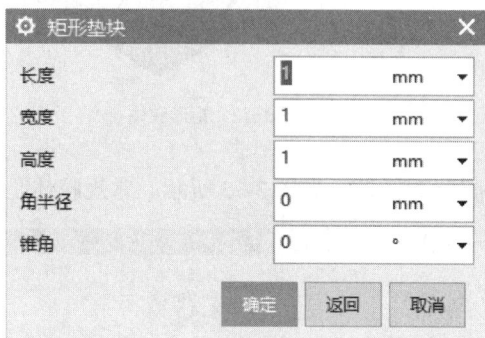

图3-75　"矩形垫块"对话框

图3-76　"常规垫块"对话框

3.4.5　凸起

图3-77　"凸起"对话框

在"特征"选项卡中单击"凸起"按钮，将弹出"凸起"对话框，如图3-77所示。凸起是沿着矢量投影截面形成的面修改体，可以选择端盖位置和形状。

在"凸起"对话框中，可以选择曲线作为截面，截面必须封闭，也可以选择要凸起的面，选择面后，将切换到草图中，然后在草图内绘制封闭图形，完成草图后，绘制的草图将作为要凸起的对象，端盖必须设置为凸起的面，然后在端盖选项组中设置偏置距离等。

下面介绍创建凸起的具体操作步骤。

步骤1： 在"特征"选项卡中单击"凸起"按钮，然后选择长方体的上表面为截面几何图形，如图3-78所示。

步骤2： 选择表面后，将切换到草图环境，在草图中，绘制一个半圆封闭区域，如图3-79所示。

图3-78　选择截面

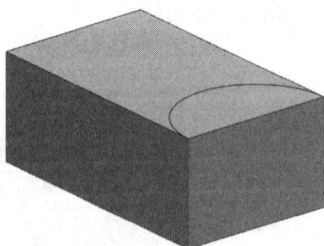

图3-79　绘制半圆

步骤 3：单击"完成草图"按钮，绘制的草图将成为截面曲线，可以在角度文本框中输入拔模角度，如图 3-80 所示。也可以在"凸起"对话框中的"拔模"选项组中，设置拔模角度和方向，如图 3-81 所示。

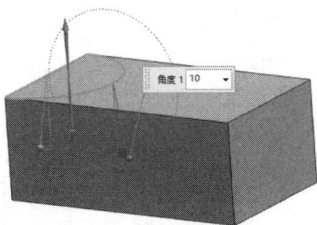

图 3-80 输入拔模角度

图 3-81 设置拔模角度和方向

步骤 4：在视图中，选择上表面为要凸起的面，如图 3-82 所示。

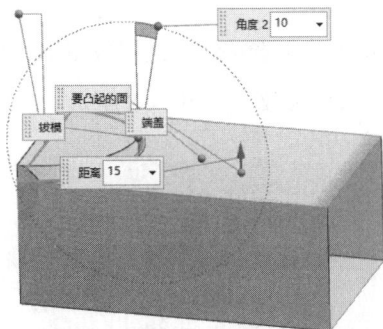

图 3-82 选择要凸起的面

步骤 5：在"凸起"对话框中的"端盖"选项组中，设置偏置距离为 15，如图 3-83 所示。

步骤 6：在"凸起"对话框中单击"应用"按钮，将创建一个凸起，如图 3-84 所示。

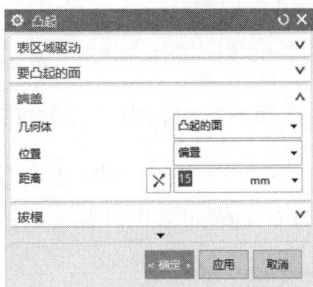

图 3-83 设置偏置距离

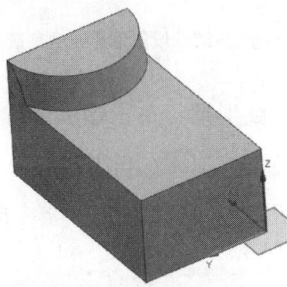

图 3-84 创建的凸起

3.4.6　键槽

在"特征"选项卡中单击"键槽"按钮 ，将弹出"槽"对话框，如图 3-85 所示。键槽是指直槽形状添加一条通道，使其通过实体或在实体内部。

在"槽"对话框中，可以创建 5 种不同形状的键槽，其创建方法如下。

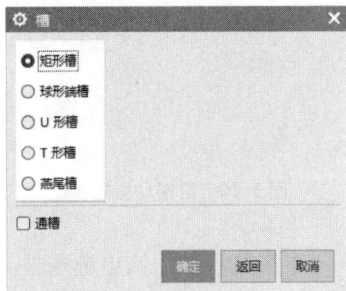

图 3-85 "槽"对话框

矩形槽：单击该单选按钮，选择放置面，指定参考方向，在"矩形槽"对话框中设置矩形槽的长度、宽度和深度参数，如图 3-86 所示。创建的矩形槽如图 3-87 所示。

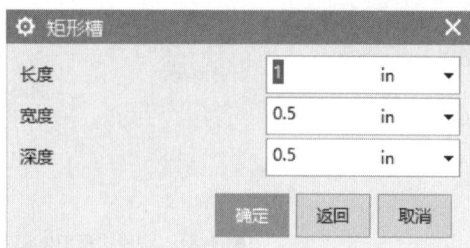

图 3-86　设置矩形槽参数

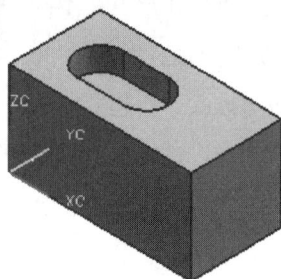

图 3-87　创建的矩形槽

球形槽：单击该单选按钮，选择放置面，指定参考方向，在"球形槽"对话框中设置球直径、深度和长度参数，如图 3-88 所示。创建的球形槽如图 3-89 所示。

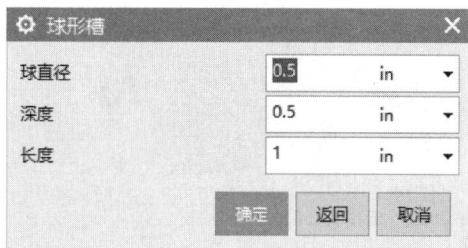

图 3-88　设置球形端槽参数

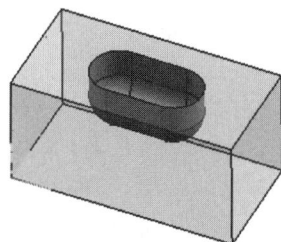

图 3-89　创建的球形槽

U 形槽：单击该单选按钮，选择放置面，指定参考方向，在"U 形键槽"对话框中设置宽度、深度、角半径和长度参数，如图 3-90 所示。U 形槽与球形端槽相似，但角半径不能大于或等于宽度的一半，创建的 U 形槽如图 3-91 所示。

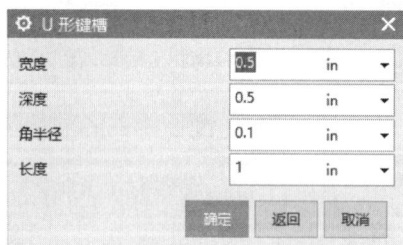

图 3-90　设置 U 形槽参数

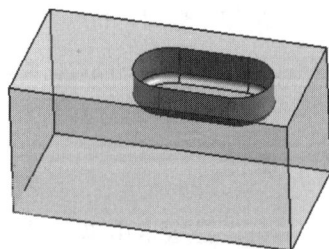

图 3-91　创建的 U 形槽

T 形槽：单击该单选按钮，选择放置面，指定参考方向，在"T 形槽"对话框中设置顶部宽度、顶部深度、底部宽度、底部深度和长度参数，如图 3-92 所示。其中底部宽度必须大于顶部宽度，创建的 T 形槽如图 3-93 所示。

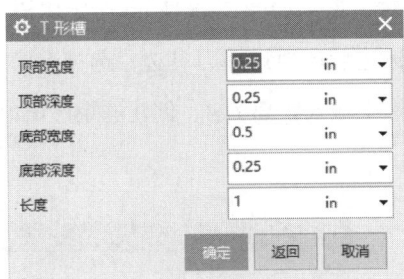

图 3-92 设置 T 形槽参数

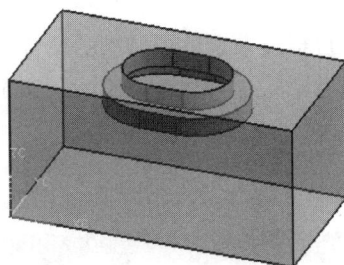

图 3-93 创建的 T 形槽

燕尾槽：创建形状和燕尾相似的键槽，单击该单选按钮，选择放置面，指定参考方向，在"燕尾槽"对话框中设置宽度、深度、角度和长度参数，如图 3-94 所示，角度为燕尾槽侧面与放置面的夹角，创建的燕尾槽如图 3-95 所示。

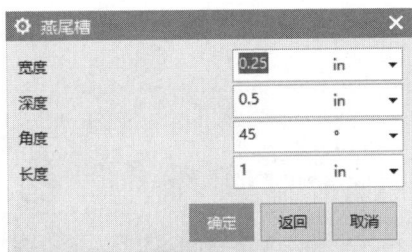

图 3-94 设置燕尾槽参数

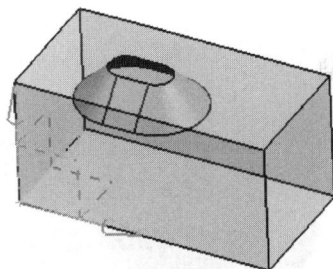

图 3-95 创建的燕尾槽

3.4.7 沟槽

在"特征"选项卡中单击"槽"按钮 ，将弹出"槽"对话框，如图 3-96 所示。可以将一个外部的或内部的沟槽添加到实体的圆柱形或锥形面。

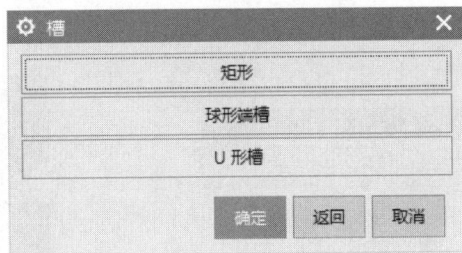

图 3-96 "槽"对话框

在"槽"对话框中可以创建三种类型的沟槽。

矩形：单击此按钮，将弹出"矩形槽"对话框，选择圆柱面或圆锥面为放置面，在

"矩形槽"对话框中设置槽直径和宽度参数，如图 3-97 所示。其中槽直径必须小于圆柱体的直径，单击"确定"按钮，将弹出"定位槽"对话框，如图 3-98 所示。"定位槽"对话框用于选择目标边来定位矩形槽的位置，选择目标边后还要选择刀具边，选择沟槽的边为刀具边，如图 3-99 所示。在"创建表达式"对话框中输入距离为 4，创建的矩形槽如图 3-100 所示。

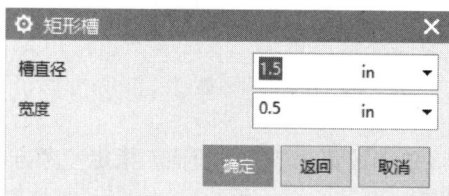

图 3-97 设置参数

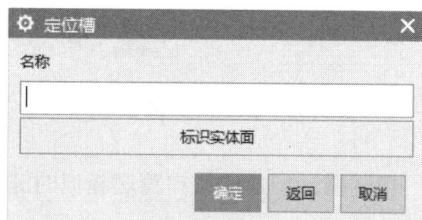

图 3-98 "定位槽"对话框

图 3-99 选择目标边和刀具边

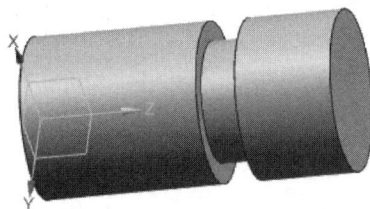

图 3-100 创建的矩形槽

球形端槽：单击此按钮，将弹出"球形端槽"对话框，和创建矩形槽的方法相同，设置槽直径和球直径，如图 3-101 所示。球形端槽的剖面是半圆弧的形状，创建的球形端槽如图 3-102 所示。

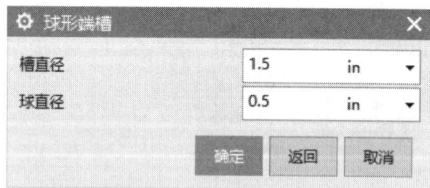

图 3-101 设置槽直径和球直径

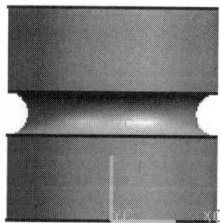

图 3-102 创建的球形端槽

U 形槽：单击此按钮，将弹出"U 形槽"对话框，和创建矩形槽的方法相同，设置槽直径、宽度和角半径，如图 3-103 所示。U 形槽的剖面是 U 形，创建的 U 形槽如图 3-104 所示。

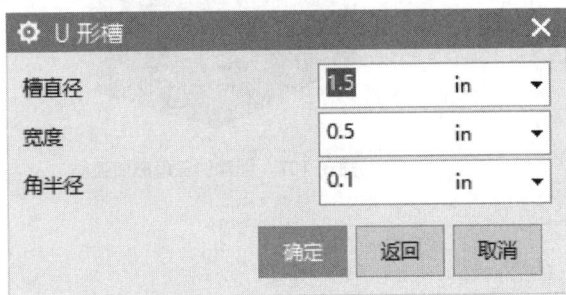

图 3-103　"U 形槽"对话框

图 3-104　创建的 U 形槽

3.4.8　三角形加强筋

在菜单栏中选择"插入"→"设计特征"→"三角形加强筋"菜单命令，或者在"特征"选项卡中单击"三角形加强筋"按钮，将弹出"三角形加强筋"对话框，如图 3-105 所示。

可以沿两组面的相交曲线添加三角形加强筋特征，在"三角形加强筋"对话框中包含了两种创建方法，其含义如下。

沿曲线：将沿两组面的相交曲线的位置来定义三角形加强筋特征的位置，包含了"弧长"和"弧长百分比"两个选项。

位置：通过输入坐标来定义三角形加强筋特征的位置。

需要设置三角形加强筋的特征参数，包括角度、深度和半径。

选择第一组面，按下中键，然后选择第二组面，如图 3-106 所示。在"三角形加强筋"对话框中，设置角度为 5，深度为 20，半径为 5，创建的三角形加强筋如图 3-107 所示。

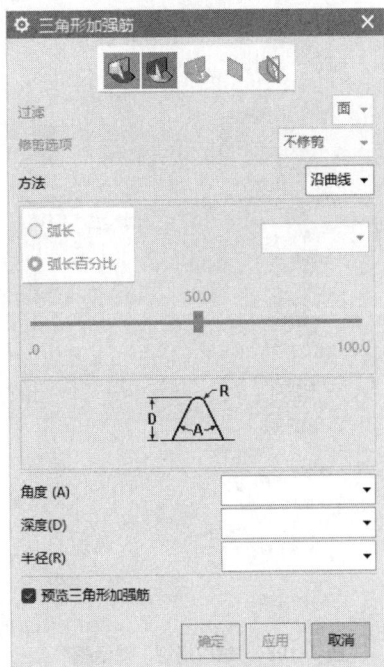

图 3-105　"三角形加强筋"对话框

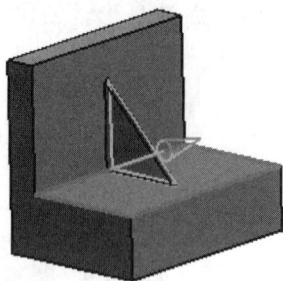

图 3-106　选择两组面

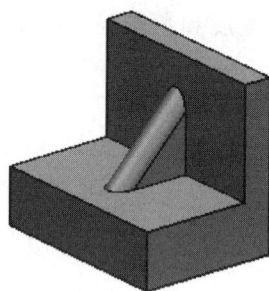

图 3-107　创建的三角形加强筋

3.4.9　螺纹

在菜单栏中选择"插入"→"设计特征"→"螺纹"菜单命令，将弹出"螺纹切削"对话框，如图 3-108 所示。可以将螺纹添加到实体的圆柱面。选择一个圆柱面后，将激活小径、螺距和角度文本框，但不能修改，如图 3-109 所示。

图 3-108　"螺纹切削"对话框

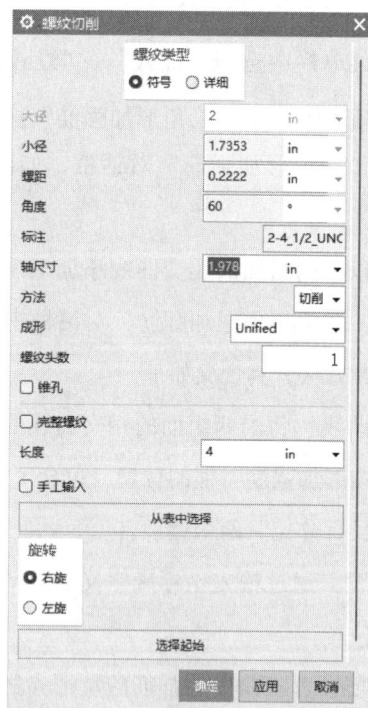

图 3-109　选择螺纹类型

在"螺纹切削"对话框中有两种创建螺纹的方法，其含义如下。

·"符号"单选按钮：用于创建用虚线表示的符号螺纹。其优点是节省内存，提高运算速度；可以设置轴尺寸、方法、成形、螺纹头数和长度。可以成形不同形状的螺纹。

·"详细"单选按钮：用于创建具有细节特征的螺纹。当选择此单选按钮时，"螺纹切削"对话框如图 3-110 所示。选择圆柱面后，设置螺纹的参数，创建的螺纹如图 3-111 所示。

图 3-110　选择"详细"按钮的"螺纹切削"对话框

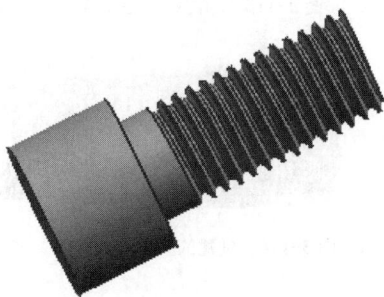

图 3-111　创建的螺纹

3.5　实例——创建阶梯轴

本节将使用特征创建阶梯轴模型，具体操作步骤如下。

步骤 1：在菜单栏中选择"插入"→"基准 / 点"→"基准轴"命令，设置类型为 XC 轴，单击"确定"按钮，将创建一基准轴，如图 3-112 所示。

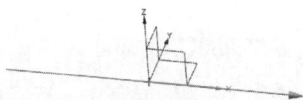

图 3-112　新建坐标轴

步骤 2：在菜单栏中选择"插入"→"设计特征"→"圆柱体"菜单命令，指定基准轴为矢量，设置圆柱体的直径为 46，高度为 25，单击"应用"按钮，创建的圆柱体如图 3-113 所示。

图 3-113　创建的圆柱体 1

步骤 3：设置 X 轴为矢量方向，设置圆柱体右端面的中心为插入点，设置圆柱体的直径为 56，高度为 25，单击"应用"按钮，创建的圆柱体如图 3-114 所示。

图 3-114　创建的圆柱体 2

图 3-115　创建的圆柱体 3

图 3-116　创建的圆柱体 4

图 3-117　创建的圆柱体 5

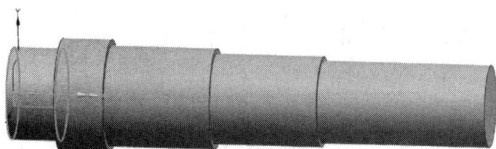

图 3-118　选择圆柱体表面

图 3-119　设置矩形槽参数

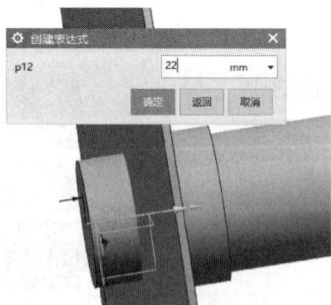

图 3-120　选择目标边和刀具边

步骤 4：设置 X 轴为矢量方向，设置直径为 56 的圆柱体右端面的中心为插入点，设置圆柱体的直径为 50，高度为 55，单击"应用"按钮，创建的圆柱体如图 3-115 所示。

步骤 5：设置 X 轴为矢量方向，设置直径为 50 的圆柱体右端面的中心为插入点，设置圆柱体的直径为 45，高度为 50，单击"应用"按钮，创建的圆柱体如图 3-116 所示。

步骤 6：设置 X 轴为矢量方向，设置直径为 45 的圆柱体右端面的中心为插入点，设置圆柱体的直径为 41，高度为 85，单击"应用"按钮，创建的圆柱体如图 3-117 所示。

步骤 7：在"特征"选项卡中单击"槽"按钮 ，将弹出"槽"对话框，单击"矩形"按钮，选择阶梯轴左端的圆柱体表面，如图 3-118 所示。

步骤 8：在"矩形槽"对话框中，设置矩形槽参数，单击"确定"按钮，如图 3-119 所示。

步骤 9：选择圆柱体的左端面的边为目标边，选择沟槽体左端面的边为刀具边，如图 3-120 所示。

步骤 10：在"创建表达式"对话框中，设置距离为22，单击"确定"按钮，创建的矩形槽如图 3-121 所示。

步骤 11：按照上述方法，在直径为 50 的圆柱体上创建一矩形槽，矩形槽的直径为 48，宽度为 3，矩形槽靠近直径为 56 的圆柱体，如图 3-122 所示。

图 3-122　创建的矩形槽 2

图 3-121　创建的矩形槽 1

步骤 12：在直径 41 圆柱体的左端处，创建一个直径为39、宽度为 2 的矩形槽，创建的矩形槽如图 3-123 所示。

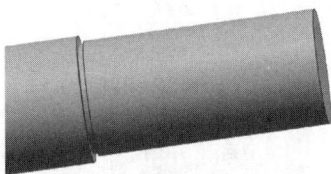

图 3-123　创建的矩形槽 3

步骤 13：在菜单栏中选择"插入"→"基准／点"→"基准平面"命令，在"基准平面"对话框中，设置类型为"相切"，设置子类型为"通过点"，然后单击"指定点"按钮，如图 3-124 所示。

图 3-124　创建基准平面

步骤 14：在"点"对话框中，设置类型为"象限点"，然后选择直径为 50 的圆柱体端面的边，将出现一个象限点。

步骤 15：在"点"对话框中单击"确定"按钮，选择圆柱体的表面为相切面，将创建一个与圆柱体表面相切的基准平面。

步骤 16：按照上述方法，在右端的圆柱体表面上创建一个相切的基准平面，如图 3-125 所示。

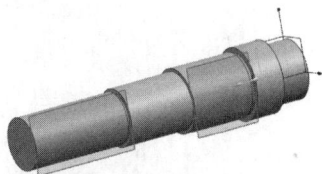

图 3-125　创建相切的基准平面

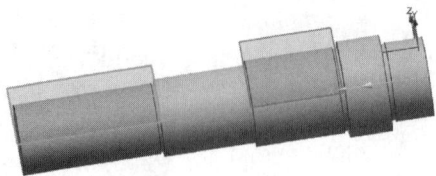

图 3-126 选择基准面为放置面

步骤 17： 创建一个以 XC 方向为基准的基准轴，在"特征"选项卡中单击"键槽"按钮 ，设置为矩形槽，选择右端的基准面为放置面，并接受默认边为特征边，如图 3-126 所示。

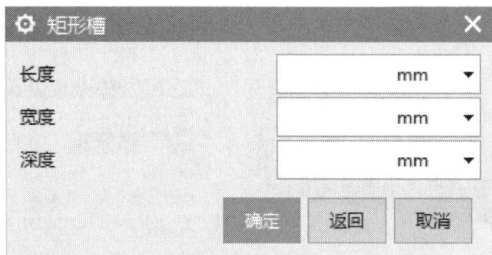

图 3-127 设置矩形槽参数 1

步骤 18： 在"水平参考"对话框中单击"基准轴"按钮，选择基准轴为水平参考，在"矩形槽"对话框中设置矩形槽的长度为 35，宽度为 12，深度为 6，单击"确定"按钮，如图 3-127 所示。

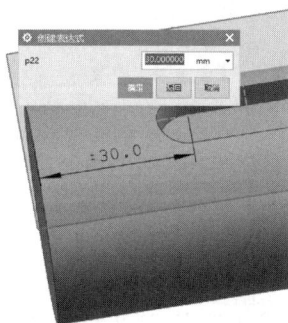

图 3-128 设置定位方式 1

步骤 19： 在"定位"对话框中单击"水平"按钮，选择圆柱体的右端面的边的端点和键槽圆弧，将显示一水平尺寸，如图 3-128 所示。

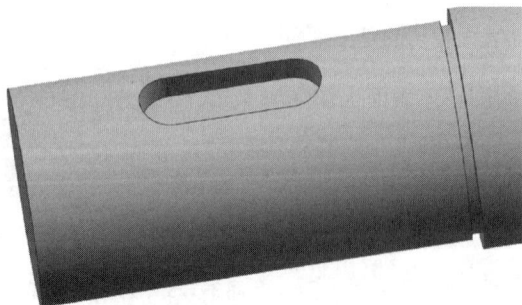

图 3-129 创建的矩形槽

步骤 20： 在"创建表达式"对话框中设置距离为 11，单击"确定"按钮，创建的矩形槽如图 3-129 所示。

步骤 21：按照上述方式，选择左端的基准面为放置面，在"矩形槽"对话框中设置矩形槽的长度为 45，宽度为 16，深度为 5，单击"确定"按钮，如图 3-130 所示。

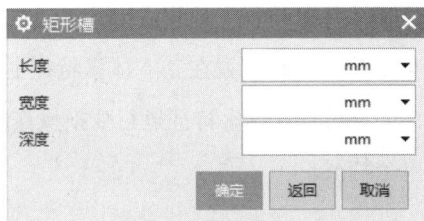

图 3-130　设置矩形槽参数 2

步骤 22：在"定位"对话框中单击"水平"按钮，选择圆柱体的左端面的边的端点和键槽圆弧，将显示一水平尺寸，如图 3-131 所示。

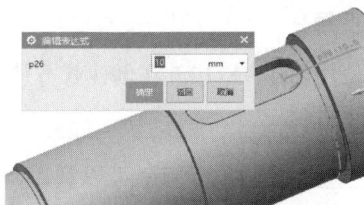

图 3-131　设置定位方式 2

步骤 23：在"创建表达式"对话框中设置距离为 10，单击"确定"按钮，将基准轴设置为不可见，创建的阶梯轴如图 3-132 所示。

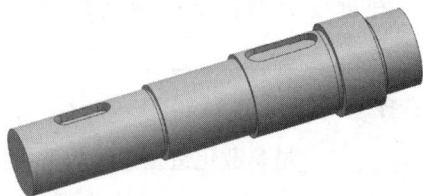

图 3-132　创建的阶梯轴

本 章 小 结

本章主要讲解了 UG NX 12.0 使用特征建模的内容，这些内容为三维建模的基础知识，只有在掌握这些内容的基础上才能进行后续的学习，因此读者需要对本章中讲到的特征建模和编辑特征进行反复练习。通过对本章的学习，要求了解到 UG NX 12.0 为用户所提供的各种不同类型的特征，并能够熟练设置其参数和对参数进行修改。

1. 成型特征中，如何定位放置面在曲面上？

在 UG NX 12.0 中使用成型特征时，都需要在特征中选择一个放置面来定位成型特征的相对位置，如果放置面为曲面，将不能选择面，这时，可以通过新建基准平面来构造"放置面"，将基准平面设置在与曲面的相切点上，就可以选择基准平面为成型特征的放置面了！也能够在实体的不平表面成型孔、凸起、键槽等。

2. UG NX 12.0 中特征参数之间有什么相关性？

UG NX 12.0 参数化建模，即如果创建的特征与特征有参数之间的关系，那么一个特征的位置或尺寸发生变化时，与其相关的特征也将发生相应的变化。比如，在长方体上创建凸起后，如果变换长方体的位置，凸起特征也会随着移动，这种参数相关有利于设计的修改。将参数移除后，将不能修改特征的参数。

3. 在基本体素特征上放置成型特征后，成型特征和体素特征有什么关联性？

如果将垫或凸起放置在基本体素特征上，这些特征将和体素特征"融为一体"，即参数相关联，如果对基本体素特征进行变换操作时，成型特征也将被选取，只有使用特征操作才能选取单个特征。

本 章 习 题

1. 填空题

（1）使用 UG NX 12.0 在创建长方体特征时，可以选择不同的类型方法来创建，分别是指定长方体的_____、_____、_____。

（2）_____特征可以利用几个简单的参数方便地描述长方体、圆柱体、圆锥体、球体。

（3）在创建成型特征中的凸台时，需要指定凸台的参数，分别是_____、_____、_____。

2. 选择题

（1）_____是参数化造型系统的重要特征之一。

A. 特征   B. 表达式驱动模型   C. 草图   D. 支持参数修改

（2）下列选项中，不是 UG NX 12.0 提供创建腔体的类型是_____。

A. 圆柱形   B. 矩形   C. 常规   D. 圆锥体

（3）下列选项中，不是 UG NX 12.0 提供创建沟槽的类型是_____。

A. 矩形   B. 球形端槽   C. 燕尾槽   D. U 形槽

3. 问答题 / 上机练习

（1）在实体表面或基准平面上定位成型特征时，在"定位"对话框中，可以使用哪些定位方式？

（2）简述 UG NX 12.0 能创建哪些类型的键槽，并说明创建过程。

（3）利用基本特征和成型特征，创建腔体模型，如图 3-133 所示。

图 3-133 腔体模型

第4章

特征操作及编辑

4.1 特征操作

特征操作是指对实体特征进行操作,通过特征操作相关命令的应用,可以对模型的边、面和已创建的成型特征进行再加工处理或对特征进行特殊操作(如创建螺纹特征)等。UG NX 12.0 中提供了许多操作特征的命令。因此,特征操作是 UG 建模过程中重要的造型操作命令。

4.1.1 拔模

在"特征操作"选项卡中单击"拔模"按钮 💿,将弹出"拔模"对话框,如图 4-1 所示。UG NX 12.0 特征操作中的拔模是指通过修改相对于拔模方向的角度来修改小平面。在"拔模"对话框中的类型下拉列表中,包含了四种拔模类型,分别是从平面、从边、与多个面相切、至分型边,如图 4-2 所示。

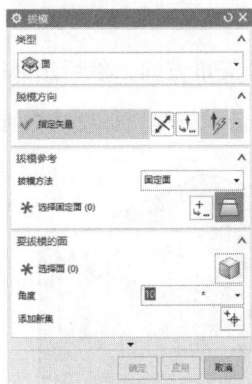

图 4-1 "拔模"对话框

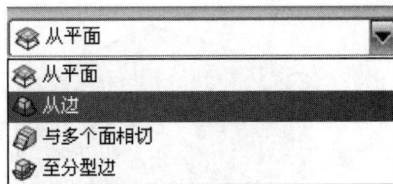

图 4-2 选择类型

四种类型的拔模方式的含义如下。

从平面:选择平面开始拔模,先设置矢量方向,再选择平面、基准平面或拔模方向上通过的点,然后设置拔模角度即可拔模。下面介绍从平面拔模的具体操作步骤。

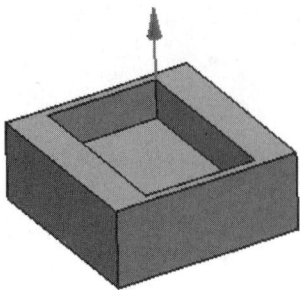

图 4-3 指定拔模矢量方向

步骤 1： 在"特征操作"选项卡中单击"拔模"按钮 ，在视图中，选择实体中的一条边作为矢量方向，矢量方向向上，如图 4-3 所示。

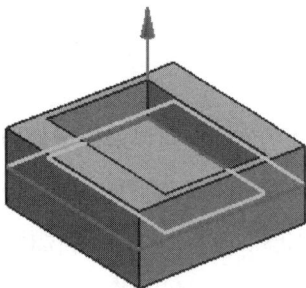

图 4-4 选择固定平面

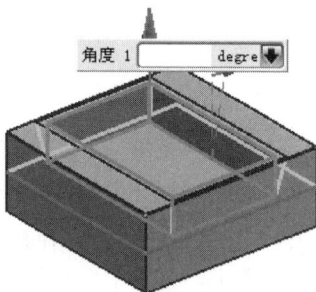

图 4-5 选择要拔模的面

步骤 2： 选择实体的内表面平面为固定平面，如图 4-4 所示。

步骤 3： 选择实体内表面的四个竖直平面为要拔模的面，如图 4-5 所示。

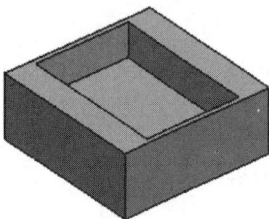

图 4-6 设置角度

步骤 4： 在"拔模"对话框中的"角度"文本框中输入角度值为 5，单击"确定"按钮，拔模后的效果如图 4-6 所示。

从边：选择从边开始拔模，和从平面拔模相似，先选择矢量方向，然后选择固定的边，不用选择要拔模的面，直接设置拔模角度后系统向拔模方向自动拔模，如图 4-7 所示。

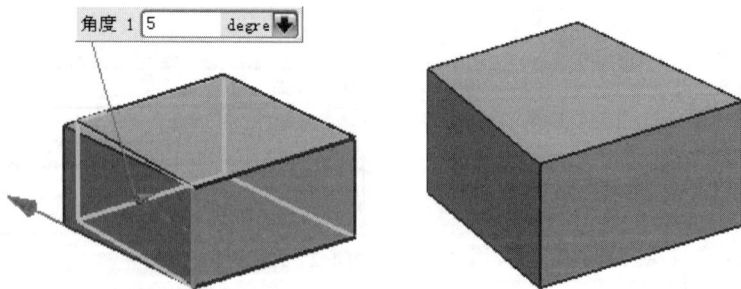

图 4-7 从边拔模

与多个面相切：按设置的拔模方向及拔模角度进行拔模，需要选择两个以上的相切面，如图 4-8 所示。

至分型边：从选择的分割边开始，对指定的实体从参考点所在的平面开始按设置的矢量方向及拔模角度进行拔模。选择矢量方向，再选择固定平面，然后选择分型边，再设置拔模角度后即可至分型边拔模，如图4-9所示。

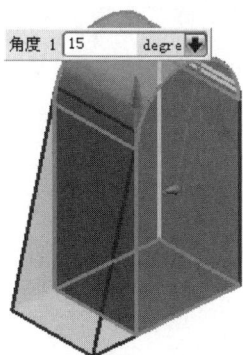

图4-8 与多个面相切拔模

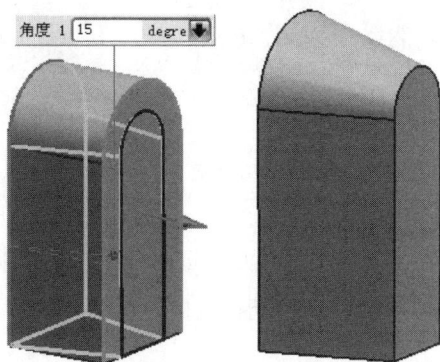

图4-9 至分型边拔模

在"特征操作"选项卡中单击"拔模体"按钮，将弹出"拔模"对话框，"拔模"对话框中有两种类型拔模，分别是"从边"和"要拔模的面"，如图4-10所示。

拔模体可以在分型面的两侧添加并匹配拔模，用材料自动填充底部区域。下面介绍创建拔模体的具体操作步骤。

图4-10 两种不同类型的拔模体

步骤1：在"特征操作"选项卡中单击"拔模体"按钮，在视图中，选择实体的接触面为分型对象，如图4-11所示。

步骤2：选择实体的竖直边作为矢量方向，然后选择分型上面的边，如图4-12所示。

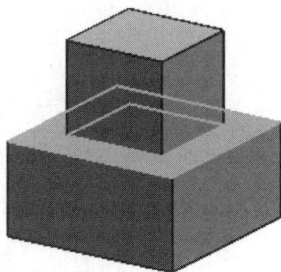

图4-11 选择分型对象

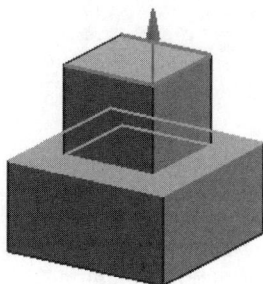

图4-12 选择分型上面的边

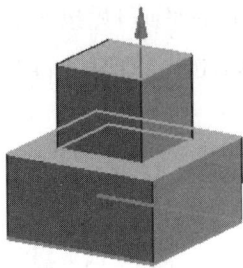

图 4-13 选择分型下面的边   图 4-14 设置拔模角度

步骤 3： 选择分型下面的边，如图 4-13 所示。

步骤 4： 在"拔模"对话框中的"角度"文本框中，设置拔模角度为 5，单击"确定"按钮，拔模后的效果如图 4-14 所示。

"要拔模的面"是指选择分型对象和指定矢量方向后，需要选择要拔模的面而不是选择分型上面的边，然后设置拔模角度，如图 4-15 所示。

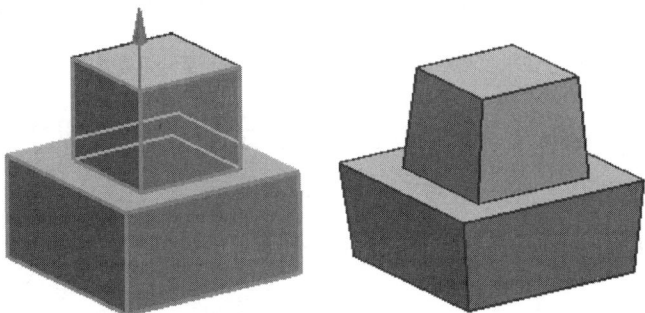

图 4-15 选择要拔模的面拔模

4.1.2 抽壳

图 4-16 "抽壳"对话框

在"特征操作"选项卡中单击"抽壳"按钮 ，将弹出"抽壳"对话框，如图 4-16 所示。可以通过使用抽壳命令创建具有一定壁厚的中空实体。

在"抽壳"对话框中有两种抽壳方法，其含义如下。

移除面，然后抽壳：先选择要抽壳的面，被选择的面将被删除，如图 4-17 所示。然后设置厚度对实体进行抽壳，如图 4-18 所示。

抽壳所有面：在类型下拉列表中选择"抽壳所有面"选项，抽壳的实体将成"空心"实体，选择要抽壳的体，然后设置厚度。需要注意的是，如果设置的厚度是负值，那么实体将向相反方向抽壳。

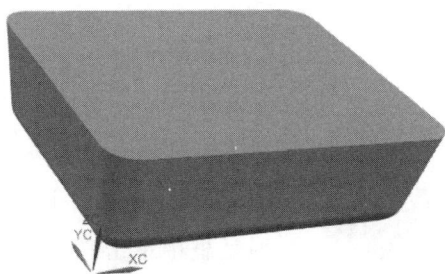

图 4-17 选择要抽壳的面

图 4-18 设置厚度进行抽壳

4.1.3 倒圆

在"特征操作"选项卡中单击"边倒圆"按钮，将弹出"边倒圆"对话框，如图 4-19 所示。

边倒圆可以对实体的边进行倒圆角，半径可以是常数或变量。创建边倒圆需要选择实体的边，然后设置半径等参数，还可以设置可变化的半径。下面是创建边倒圆的具体步骤。

图 4-19 "边倒圆"对话框

步骤 1：在"特征操作"选项卡中单击"边倒圆"按钮，选择实体边，如图 4-20 所示。

步骤 2：在"边倒圆"对话框中设置半径为 8，单击"确定"按钮，边倒圆后如图 4-21 所示。

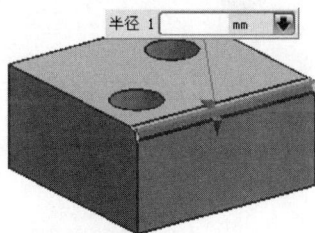

图 4-20 选择实体边

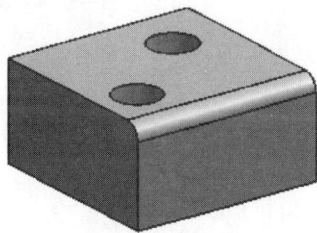

图 4-21 设置边倒圆半径

步骤 3：继续选择实体边为对象，如图 4-22 所示。

步骤 4：在"边倒圆"对话框中的"可变半径点"选项组中，单击"指定新位置"按钮，选择实体的边的中点，如图 4-23 所示。

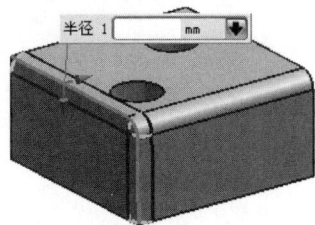

图 4-22 继续选择实体边

图 4-23 指定点

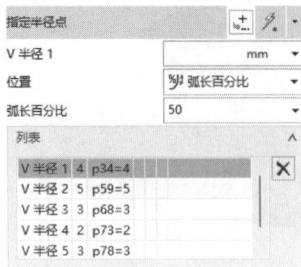

图 4-24 设置可变半径参数

图 4-25 倒圆角后的实体边

步骤 5：在"边倒圆"对话框中，设置 V 半径 1 为 12，如图 4-24 所示。

步骤 6：在"边倒圆"对话框中单击"确定"按钮，倒圆角后的实体边的圆角半径不一样，如图 4-25 所示。

在"特征操作"选项卡中单击"面倒圆"按钮 ，将弹出"面倒圆"对话框，如图 4-26 所示。面倒圆是指在选定面组之间添加相切圆角面，圆角形状可以是圆形或二次曲线。

图 4-26 "面倒圆"对话框

"面倒圆"对话框中可以创建两组不同类型的倒圆，其含义如下。

滚动球：使倒圆面过渡为球形。先选择面链 1 的面或边，将出现一方向箭头，如

图 4-27 所示。可以在"面倒圆"对话框中单击反向按钮使方向反向，按下鼠标中键，选择面链 2，如图 4-28 所示。

图 4-27 选择面链 1

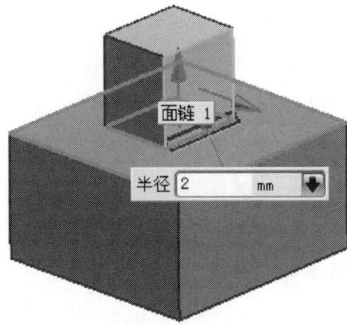

图 4-28 选择面链 2

在"倒圆横截面"选项组中，可以设置横截面的形状是圆或二次曲线，如图 4-29 所示。设置形状为二次曲线，然后设置参数后单击"确定"按钮，创建的倒圆面如图 4-30 所示。

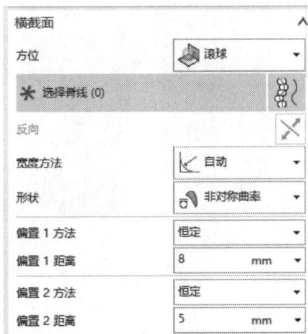

图 4-29 设置倒圆横截面

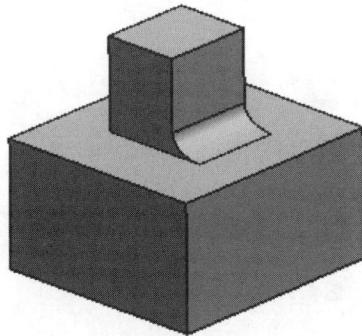

图 4-30 创建的倒圆面

扫掠截面：选择此方式在倒圆时需要选取一条参考脊线，其他操作方法与"滚动球"方式相同。

4.1.4 倒斜角

在"特征操作"选项卡中单击"倒斜角"按钮，将弹出"倒斜角"对话框，如图 4-31 所示。可以对实体的边进行倒斜角。可以设置斜角的横截面，在"倒斜角"对话框中单击横截面下拉按钮，可以设置三种不同的横截面，如图 4-32 所示。

三种斜角横截面的含义如下。

对称：选择该选项，实体边的偏置距离相同，并且斜角为 45°。

非对称：选择该选项，设置不同的斜角到实体边的距离。在"倒斜角"对话框中设置横截面为非对称，距离 1 为 5，距离 2 为 10，倒斜角效果如图 4-33 所示。

图 4-31 "倒斜角"对话框

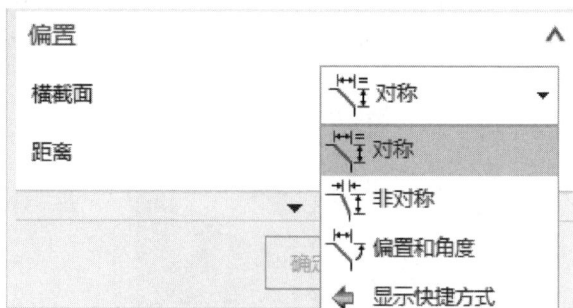

图 4-32 设置横截面

偏置和角度：选择该选项，设置实体边的偏置距离，再设置一个斜角的度数。在"倒斜角"对话框中设置横截面为偏置和角度，距离为10，角度为30，倒斜角效果如图4-34所示。

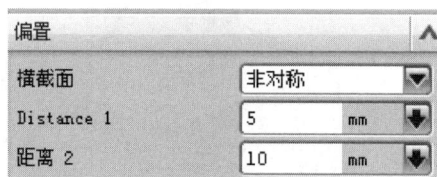

图 4-33 非对称倒斜角

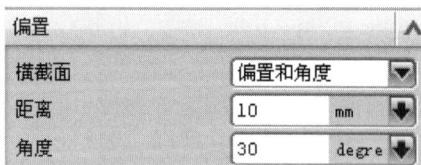

图 4-34 偏置和角度倒斜角

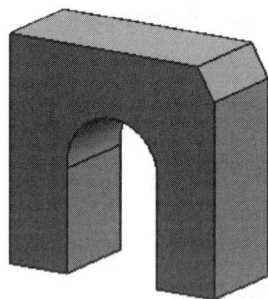

4.1.5 镜像特征

在"特征操作"选项卡中单击"镜像特征"按钮 ，将弹出"镜像特征"对话框，如图4-35所示。镜像特征可以复制特征并根据平面进行镜像。

镜像特征的操作方法是先选择要镜像的特征，然后选择镜像平面，镜像平面可以是现有平面，也可以使用"平面构造器"来创建新平面，选择实体特征为镜像对象，选择实体上表面为镜像平面，然后在"镜像特征"对话框单击"确定"按钮，即可镜像特征，如图 4-36 所示。

图 4-35 "镜像特征"对话框   图 4-36 镜像特征

4.1.6 阵列特征

在"特征操作"选项卡中单击"阵列特征"按钮，将弹出"阵列特征"对话框，如图 4-37 所示。阵列特征可以将选定的特征复制到矩形或圆形的区域中。

在"阵列特征"对话框中，根据需求不同可以进行多种阵列操作。下面分别以线性阵列和圆形阵列为例介绍这两种阵列操作方法的含义。

线性阵列：在"阵列特征"对话框阵列布局中选择线性阵列选项，如图 4-38 所示，将弹出"线性阵列"对话框。在该对话框中，选择要阵列的特征，在"边界定义"选项卡中可以指定选定特征的阵列数目、偏置距离等，如图 4-39 所示。

选择长方体上的孔为矩形阵列对象，如图 4-40 所示，设置 XC 向的数量为 4，偏置为 2，设置 YC 向的数量为 3，偏置为 2，矩形阵列效果图 4-41 所示。

图 4-37 "阵列特征"对话框

圆形阵列：选择圆形阵列方式时，将弹出如图 4-42 所示的对话框，选择要阵列复制的特征，设置圆周阵列的数量和角度值后，还需要在"矢量"对话框中设置圆形阵列的旋转轴和旋转点。

选择"指定矢量"按钮后，将弹出"矢量"对话框，图 4-43 所示。选择基准轴作为旋转轴，点击确定后将自动沿基准轴圆形阵列特征。圆形阵列孔特征如图 4-44 所示。

图 4-38 选择阵列方式

图 4-39 阵列特征参数指定

图 4-40 选择矩形阵列孔

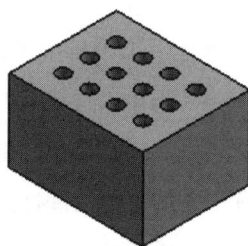

图 4-41 矩形阵列效果

图 4-42 设置圆形阵列参数

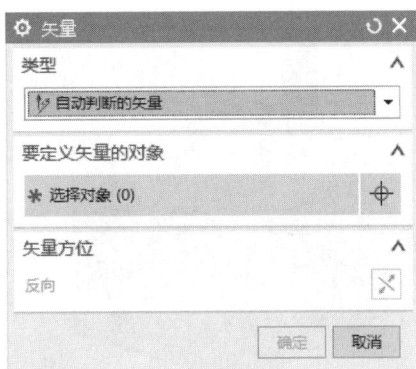

图 4-43 "矢量"对话框

图 4-44 圆形阵列孔

4.1.7 缩放体

在"特征"选项卡中单击"缩放体"按钮 ，将弹出"缩放体"对话框，如图 4-45 所示。缩放体命令可以缩放实体或片体。在"缩放体"对话框中的类型下拉列表中，可以创建三种不同类型的比例体，如图 4-46 所示。

图 4-45 "缩放体"对话框

图 4-46 类型下拉列表

类型下拉列表中各选项的含义如下。

均匀：选择实体或片体后，将从指定的缩放点沿 X、Y、Z 轴方向以相同的比例对实体或者片体进行缩放。选择长方体为对象，设置坐标原点为缩放点，如图 4-47 所示。在"缩放体"对话框中设置比例因子为 1.5，放大后的长方体如图 4-48 所示。

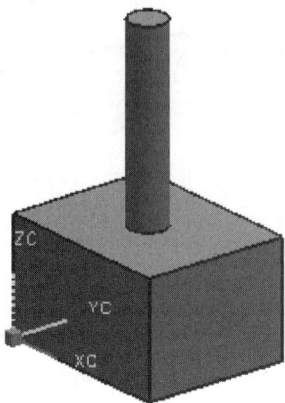

图 4-47　选择缩放对象和缩放点

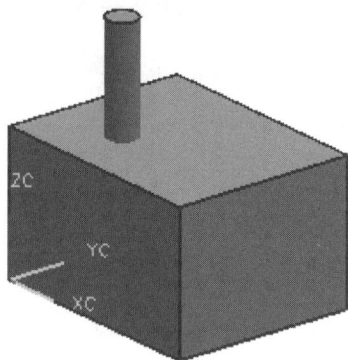

图 4-48　均匀缩放

轴对称：选择要缩放的实体或片体，指定矢量方向和缩放点，设置轴向方向的比例因子和其他方向的比例因子进行缩放。选择长方体为缩放体，设置 YC 轴方向为矢量方向，指定缩放点，如图 4-49 所示。在"比例"对话框中设置"沿轴向"比例因子为 2，"其它方向"比例因子为 1.5，缩放后的实体如图 4-50 所示。

常规：对实体或片体沿指定参考坐标系的 X、Y、Z 轴方向，以不同的 X 向、Y 向、Z 向比例因子进行缩放。

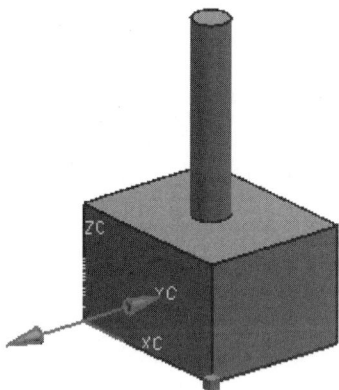

图 4-49　指定矢量方向

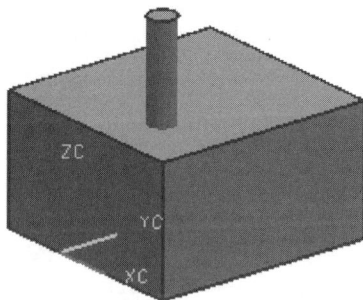

图 4-50　缩放后的实体

4.1.8　修剪体

在"特征操作"选项卡中单击"修剪体"按钮 ▢，将弹出"修剪体"对话框，如图 4-51 所示。修剪体是指使用面或基准平面将实体的一部分修剪掉。

图 4-51 "修剪体"对话框

修剪体需要先选择要修剪的体,然后设置工具选项,可以选择现有平面或基准平面,也可以定义新平面来修剪体。修剪体的具体操作步骤如下。

步骤 1:在"特征操作"选项卡中单击"修剪体"按钮 ,选择实体为要修剪的体,如图 4-52 所示。

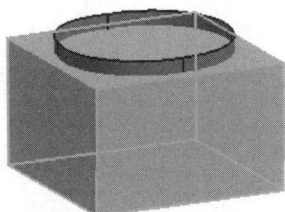

步骤 2:按下鼠标中键,选择实体中间的平面为工具面,如图 4-53 所示。

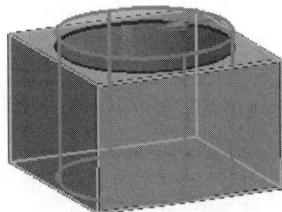

图 4-52 选择要修剪的体

图 4-53 选择修剪所用的工具面

步骤 3:在"修剪体"对话框中单击"反向"按钮 ,视图中箭头指向的方向为要修剪的体的部分,如图 4-54 所示。

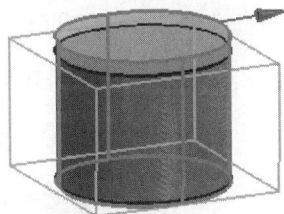

图 4-54 设置方向

步骤 4:在"修剪体"对话框中单击"确定"按钮,将修剪掉片体外部的实体,然后将片体隐藏,结果如图 4-55 所示。

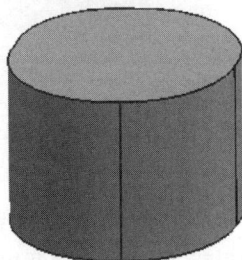

图 4-55 修剪后的效果

4.1.9 布尔运算

在 UG NX 12.0 中可以对实体进行布尔运算，布尔运算包括求和、求差和求交。求和是指将两个相交的实体合并，合并后将成为一个整体。求差是指从一个实体减去另一个，剩下一个实体。求交是指创建一个包含两个不同实体的共有体。

在"特征操作"选项卡中单击"求和"按钮 🔳，将弹出"合并"对话框，如图 4-56 所示。选择一个目标体，再选择一个工具体后，单击"确定"按钮，即可合并两个实体。如图 4-57 所示。

图 4-56 "合并"对话框

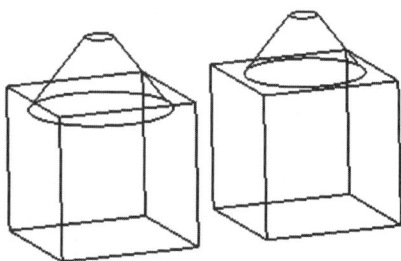

图 4-57 实体合并

可以在选择工具体后，在"合并"对话框中的"设置"选项组中，勾选"保持目标"和"保持工具"复选框，求和后将保留目标体和统计体。

在"特征操作"选项卡中单击"求差"按钮 🔳，将弹出"求差"对话框，"求差"对话框与"合并"对话框相似，选择长方体为目标体，然后选择圆柱体为工具体，如图 4-58 所示。求差后实体效果如图 4-59 所示。

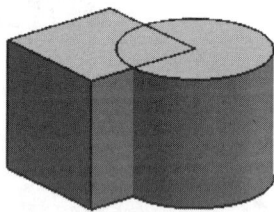

图 4-58 选择目标体和工具体

图 4-59 求差后的实体效果

在"特征操作"选项卡中单击"求交"按钮 🔳，将弹出"求交"对话框，"求交"对话框与"合并"对话框相似，选择椭圆实体为目标体，选择圆柱体为工具体，求交后的效果如图 4-60 所示。

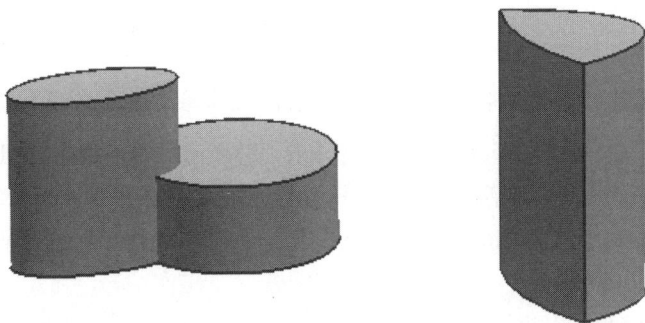

图 4-60　对实体求交

4.2　编辑表面

编辑表面是对实体的表面进行编辑，包括移动面、替换面、删除面、调整面的大小等，选择"编辑"→"面"菜单命令，将弹出"编辑面"对话框，如图 4-61 所示。

4.2.1　移动面

移动面可以将实体的一个面或多个面平移或沿一条轴旋转，不过该命令只能用于不带参数的实体。在"编辑面"对话框中单击"移动面"按钮 ，将弹出"类选择"对话框，选择目标面后，单击"确定"按钮，将弹出"移动面"对话框，如图 4-62 所示。

图 4-61　"编辑面"对话框

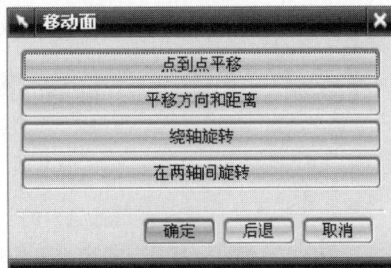

图 4-62　"移动面"对话框

该对话框中包含了四种移动面的方式，有两种平移方式和两种旋转方式，下面分别介绍其操作方法。

点到点平移：该方式是通过沿指定的参考点到目标点平移实体表面。

平移方向和距离：该方式是按指定的方向和距离平移实体表面。

绕轴旋转：该方式是按指定的一条轴来旋转实体表面。

在两轴间旋转：该方式是将选择的实体表面按指定的参考轴到目标轴进行旋转。

4.2.2　替换面

替换面可以选择一个表面将另一个表面替换，所选择的表面必须有边界限制。在"编辑面"对话框中单击"替换面"按钮 ，将弹出"替换面"对话框，如图 4-63 所示。选择要替换的面后，将弹出另一对话框，需要选择要替换的面，如图 4-64 所示。

在图 4-64 所示的对话框中，可以选择六种不同类型的面作为要替换的面，下面介绍这些面的使用方法。

平面：单击该按钮，将弹出"平面"对话框，可以选择对象来定义平面。

圆柱面：单击该按钮，将弹出"定义圆柱曲面"对话框，如图 4-65 所示。该对话框提供了两种确定圆柱曲面的方法，一种是指定直径参数，另一种是选择圆弧或圆。设置圆柱面后，单击"确定"按钮，即可将圆柱面替换为原表面。

图 4-63　"替换面"对话框

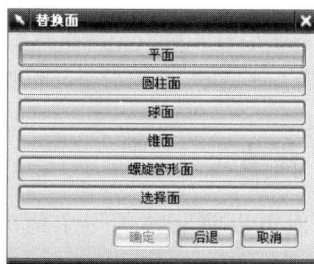

图 4-64　选择要替换的面

球面：单击该按钮，将弹出"定义球形曲面"对话框，如图 4-66 所示。可以设置球的中心、直径或选择球面上的一个大圆来定义球形曲面。

图 4-65　"定义圆柱曲面"对话框

图 4-66　"定义球形曲面"对话框

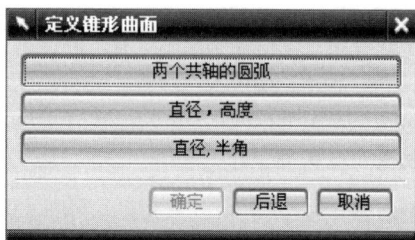

图 4-67　"定义锥形曲面"对话框

锥面：单击该按钮，将弹出"定义锥形曲面"对话框，如图 4-67 所示。该对话框提供了三种定义锥形曲面的方法，一是确定两个同轴的圆弧，二是设置锥形曲面的顶面和底面直径、高度参数，三是设置锥形曲面的直径和半角参数。

螺旋管形面：单击该按钮，将弹出"定义螺旋管形面"对话框，如图4-68所示。需要设置螺旋管形面的大半径和小半径参数。

选择面：单击该按钮，将弹出"选择面"对话框，如图4-69所示。可以直接选择实体表面，即可替换原表面。选择圆柱面为要替换的面，设置圆柱体中间的截面为平面，替换面效果如图4-70所示。

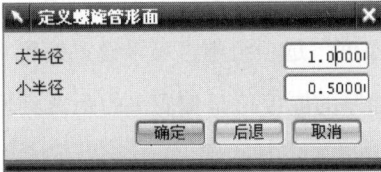

图4-68 "定义螺旋管形面"对话框

图4-69 "选择面"对话框

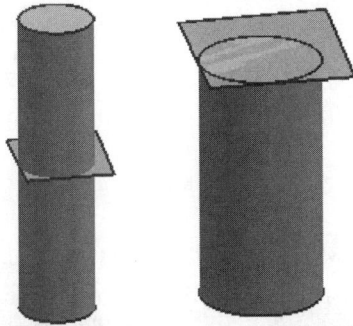

图4-70 替换面

4.2.3 偏置面

在"特征操作"选项卡中单击"偏置面"按钮 ▦，将弹出"偏置面"对话框，如图4-71所示。

偏置面允许用户将选定的面按面的法线方向和设置的偏置距离偏置面，此方法和拉伸相似，但只能选择面。偏置面效果如图4-72所示。

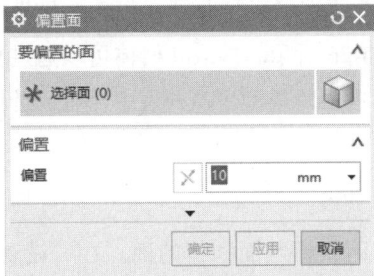

图4-71 "偏置面"对话框

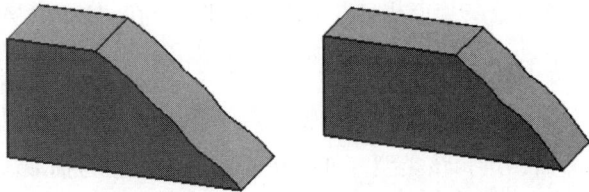

图4-72 偏置面效果

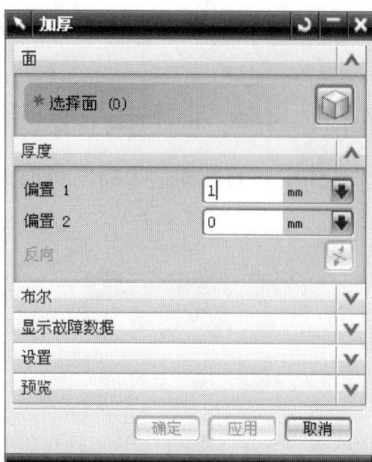

图 4-73 "加厚"对话框

4.2.4 加厚

在菜单栏中选择"插入"→"偏置/缩放"→"加厚"菜单命令,或者在"特征"选项卡中单击"加厚"按钮 ⚙️,将弹出"加厚"对话框,如图 4-73 所示。加厚命令通过为一组面增加厚度来创建实体。

可以选择片体或实体表面来加厚,在"加厚"对话框中的"厚度"选项组中,可以设置偏置 1 和偏置 2 的距离,加厚的厚度值是偏置 1 的距离到偏置 2 的距离。

选择片体为要加厚的对象,将出现一个向外的方向箭头,如图 4-74 所示。可以在"加厚"对话框中单击"反向"按钮 ⚙️ 设置方向反向,设置偏置 1 为 3,偏置 2 为 4,偏置后的实体厚度为 1,如图 4-75 所示。

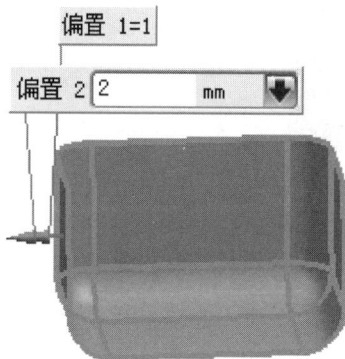

图 4-74 选择片体加厚

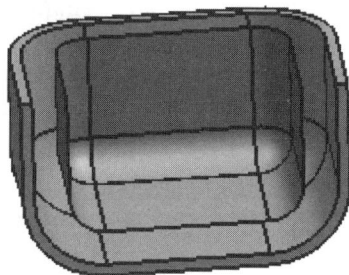

图 4-75 加厚的实体

4.2.5 抽取面

在菜单栏中选择"插入"→"关联复制"→"抽取"菜单命令,或者在"特征"选项卡中单击"抽取"按钮 ⚙️,将弹出"抽取"对话框,如图 4-76 所示。抽取几何体可以通过复制一个面、一组面或另一个体来创建体。在"抽取"对话框中的类型下拉列表中,可以选择面、面区域和体来抽取,如图 4-77 所示。

类型下拉列表中各选项的含义如下。

面:选择该类型,可以在面选项中设置为抽取单个面、相连面和体的面。在"设置"选项组中勾选"隐藏原先的"复选框,抽取面后将隐藏实体。如图 4-78 所示。

面区域：选择该类型，先选择种子面，再选择边界面，可以选择多个边界面，将不抽取选择的边界面，如图 4-79 所示。

图 4-76 "抽取"对话框

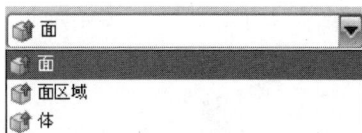

图 4-77 类型下拉列表

图 4-78 抽取单个面

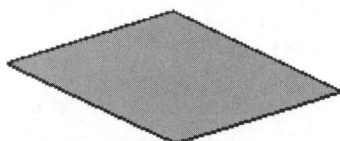

图 4-79 抽取面区域

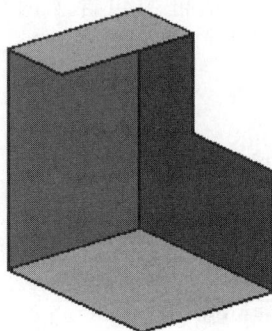

体：选择该类型，将抽取实体的所有表面。

图 4-80 "分割面"对话框

4.2.6 分割面

在"特征操作"选项卡中单击"分割面"按钮 ，将弹出"分割面"对话框，如图 4-80 所示。分割面可以用曲线、面或基准平面将一个面分割为多个面。

分割面的具体操作步骤如下。

步骤 1：在"特征操作"选项卡中单击"分割面"按钮 ，选择实体面为要分割的面，按下鼠标中键，然后选择面上的曲线为分割对象，如图 4-81 所示。

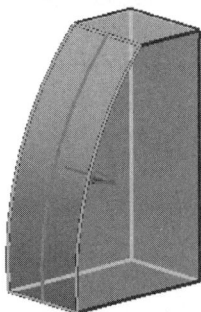

步骤 2：在"分割面"对话框中设置投影方向为"垂直于面"，单击"确定"按钮，分割后的面如图 4-82 所示。

图 4-81 选择分割面

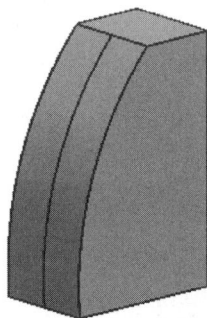

图 4-82 分割后的面

4.2.7 删除面

删除面可以移除实体或片体的一个或多个表面，在"编辑面"对话框中单击"删除面"按钮 ，将弹出"删除面"对话框，如图 4-83 所示。用于选择用目标面来删除工具体上的面。

在"删除面"对话框中包含了两个选项。新建面：在删除表面后将创建新的表面。修剪现有的面：将修剪选择的目标面，该表面周围的表面将延伸至相交。如图 4-84 所示。

图 4-83 "删除面"对话框

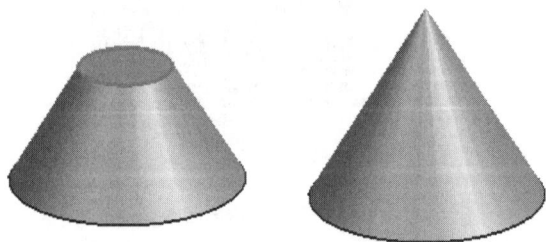

图 4-84 修剪现有的面

4.2.8　调整面的大小

调整面的大小可以改变设置表面的径向参数，这些表面包括圆柱面、圆锥面、球面、圆环面，在"编辑面"对话框中单击"调整面的大小"按钮 ，将弹出"调整面的大小"对话框，如图 4-85 所示。这种方法用于失去参数后需要修改的面。

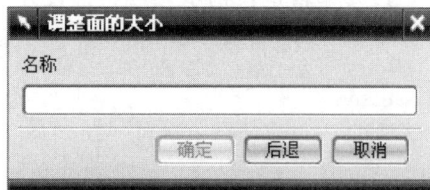

图 4-85　"调整面的大小"对话框

选择圆锥面为目标面，在对话框中重新设置锥角半径大小，单击"确定"按钮，即可修改圆锥面的大小，如图 4-86 所示。

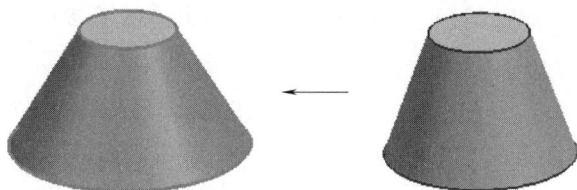

图 4-86　圆锥面大小调整

4.2.9　缝合

在"特征操作"选项卡中单击"缝合"按钮 ，将弹出"缝合"对话框，如图 4-87 所示。可以缝合公共面来组合成实体或者将公共边缝合在一起组合成片体。缝合命令的功能：当实体或者片体之间出现缝隙，可采用缝合操作进行修补。缝合需要选择目标体和工具体，然后设置公差值，缝合公差值不能大于被缝合片体或实体的最短间隙，如果间隙太大，需要设置更大的公差。选择片体为目标体和工具体，在"缝合"对话框设置公差值为 0.01，缝合后的图形如图 4-88 所示。

图 4-87　"缝合"对话框　　　图 4-88　缝合片体

4.3 参数编辑

参数编辑是在初步完成特征设计后，需要修改特征时对所创建特征的尺寸、位置和类型等参数进行编辑，以满足设计要求。编辑特征包括编辑特征参数、替换特征、移动特征和移除参数等。

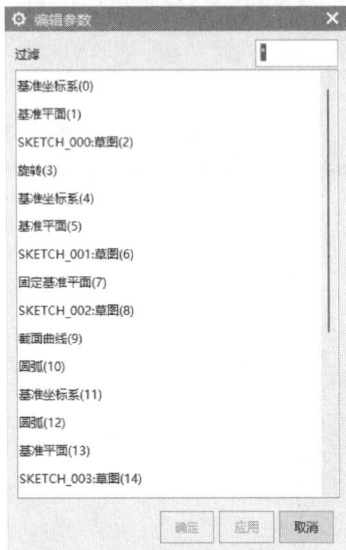

4.3.1 编辑特征参数

在"编辑特征"工具栏中单击"编辑特征参数"按钮 ，将弹出"编辑参数"对话框，如图4-89所示。

在"编辑参数"对话框中包含了模型空间中所有创建的特征，如果要修改特征，需要在对话框中选择一个特征，然后单击"确定"按钮，即可修改特征参数。

图 4-89 "编辑参数"对话框

除了在"编辑参数"对话框中选择特征来修改参数外，还有其他编辑特征参数的方法，现介绍如下。

如果要修改某一个特征，可以直接双击该特征，选择不同的特征，将弹出不同的对话框以修改特征参数。双击孔特征，如图4-90所示。将弹出"编辑参数"对话框，可以修改孔的尺寸、位置和类型，如图4-91所示。

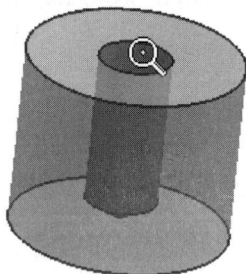

图 4-90 双击孔特征

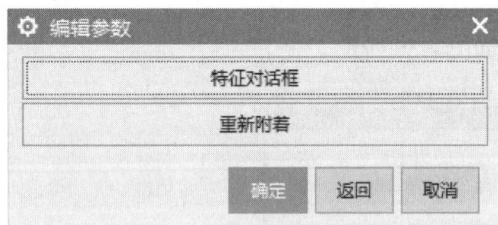

图 4-91 双击特征后弹出的"编辑参数"对话框

可以在快捷菜单中选择"编辑特性"选项来修改特征参数，将指针移动到要修改的特征上，然后右击鼠标，将显示快捷菜单，如图4-92所示。

在部件导航器上展开模型历史记录，选择要编辑参数的特征，单击右键，从弹出的快捷菜单中选择"编辑参数"命令，如图4-93所示。

图 4-92　快捷菜单

图 4-93　部件导航器

4.3.2　移除参数

在"编辑特征"工具栏中单击"移除参数"按钮 ，将弹出"移除参数"对话框，如图 4-94 所示。

在视图中选择要移除参数的特征后，单击"确定"按钮，参数将被消除，将无法修改特征的参数。

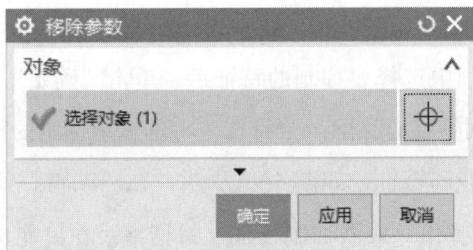

图 4-94　"移除参数"对话框

4.3.3　替换特征

在"编辑特征"工具栏中单击"替换特征"按钮 ，将弹出"替换特征"对话框，如图 4-95 所示。

替换特征是将一个特征替换为另一个并更新相关特征，替换特征的功能是允许用户修改基本模型而不影响其相关特征。它可以取代实体、基准面，并可将实体的特征从一个实体对象应用至另一个实体对象。

4.3.4　移动特征

在"编辑特征"工具栏中单击"移动特征"按钮 ，

图 4-95　"替换特征"对话框

将弹出"移动特征"对话框，如图4-96所示。在该对话框中选择一个特征，然后单击"应用"按钮，将弹出另一对话框，如图4-97所示。在该对话框中，可以输入坐标值来定位特征，可以通过点到点、在两轴间旋转和坐标系到坐标系来移动特征。

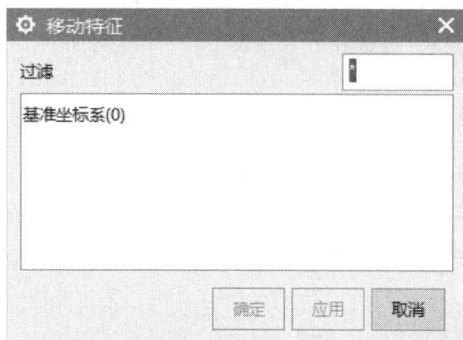

图4-96 "移动特征"对话框

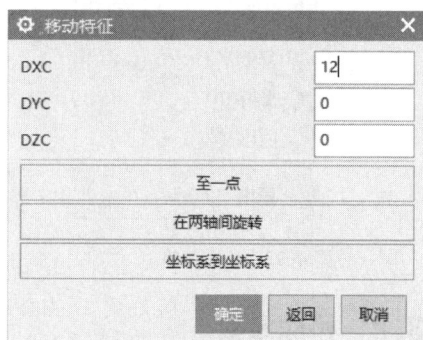

图4-97 选择移动方式

选择的特征必须是非关联的特征。

4.3.5 特征的抑制和取消

在"编辑特征"工具栏中单击"抑制特征"按钮，将弹出"抑制特征"对话框，如图4-98所示。在过滤选项中选择要抑制的特征后，单击"确定"按钮，即可将特征抑制。抑制特征是指在模型空间中临时移除一个特征，将不显示抑制的特征，也可以在部件导航器中取消勾选复选框来抑制特征，如图4-99所示。在"编辑特征"工具栏中单击"取消抑制特征"按钮，将弹出"取消抑制特征"对话框。在过滤选项中选择要取消抑制的特征后，单击"确定"按钮，即可取消抑制的特征。同时在部件导航器中，将自动勾选复选框。

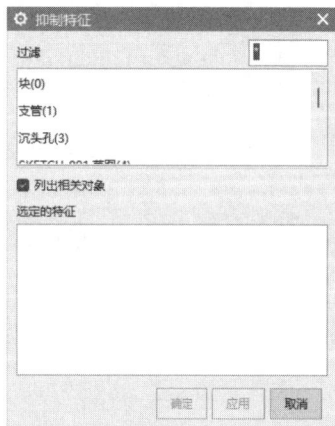

图4-98 "抑制特征"对话框

图4-99 取消勾选复选框

4.4 实例——创建泵体模型

本节将使用扫描特征和特征操作来创建泵体模型，具体操作步骤如下。

步骤 1：启动 UG 软件，单击"新建"按钮，在打开的"文件新建"对话框中，选择"单位"为"毫米"后，在模板区域选择"模型"建模。确定文件夹的位置，并输入文件名称"4.3"，单击"确定"按钮。进入建模环境。在"特征"选项卡中单击"长方体"按钮，在"长方体"对话框中设置长方体的长为 145、宽为 40、高为 14，单击"确定"按钮，创建的长方体如图 4-100 所示。

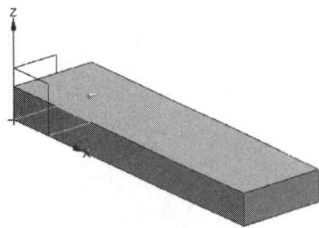

图 4-100　创建长方体

步骤 2：在菜单栏中选择"编辑"→"曲线"→"长度"菜单命令，选择长方体的底边，设置总长度为 98，如图 4-101 所示。

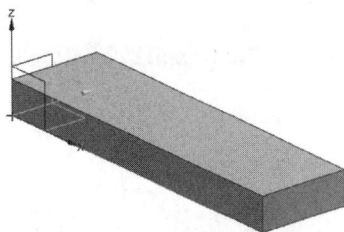

图 4-101　编辑直线长度

步骤 3：在"特征"选项卡中单击"拉伸"按钮 ，在"拉伸"对话框中，设置距离为 3，布尔运算为求差，偏置终点贯通，如图 4-102 所示。单击"确定"按钮，拉伸后的效果如图 4-103 所示。

步骤 4：将特征消除参数，然后删除直线，在"特征"选项卡中单击"孔"按钮，在"孔"对话框中设置沉头孔参数，如图 4-104所示。

图 4-102　设置拉伸参数

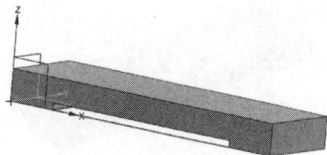

图 4-103　求差拉伸

图 4-104 设置沉头孔参数

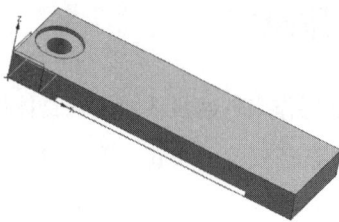

图 4-105 创建沉头孔

步骤 5：选择长方体的表面为放置面，设置孔的中心与邻近长方体的长的距离为 20，与长方体的宽的距离为 12.5，创建的沉头孔如图 4-105 所示。

图 4-106 创建镜像平面

步骤 6：在"特征操作"选项卡中单击"镜像特征"按钮 ，选择沉头孔特征为镜像对象，在"镜像特征"对话框中单击"平面构造器"按钮 ，在"平面"对话框中设置类型为"曲线和点"，然后选择长方体的长边的中点，将创建一个平面，如图 4-106 所示。单击"确定"按钮，沉头孔特征将沿平面镜像，如图 4-107 所示。

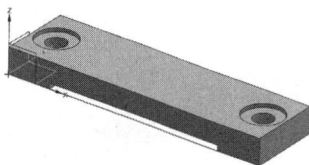

图 4-107 镜像沉头孔特征

图 4-108 设置新原点

步骤 7：在菜单栏中选择"格式"→"WCS"→"原点"菜单命令，在"点"对话框中，设置原点的坐标，然后单击"确定"按钮，如图 4-108 所示。

步骤 8：在菜单栏中选择"格式"→"WCS"→"旋转"菜单命令，在"旋转"对话框中，设置绕 X 轴旋转，将坐标旋转至如图 4-109 所示。

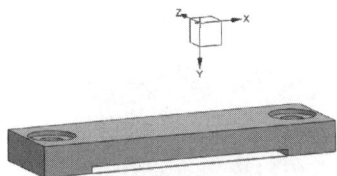

图 4-109　移动坐标系

步骤 9：在"特征"选项卡中单击"圆柱体"按钮，在"圆柱体"对话框中设置圆柱体的直径为 130，高为 19，单击"确定"按钮，创建的圆柱体如图 4-110 所示。

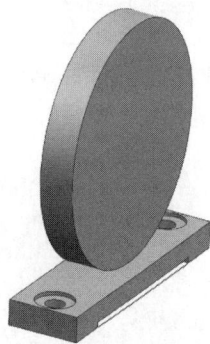

图 4-110　创建圆柱体

步骤 10：继续创建圆柱体，设置圆柱体直径为 120，高度为 67，设置布尔为求和，然后选择上一步创建的圆柱体，单击"确定"按钮，创建的圆柱体如图 4-111 所示。

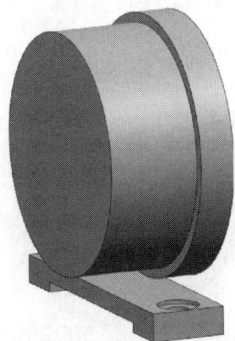

图 4-111　创建求和圆柱体

步骤 11：继续创建圆柱体，设置圆柱体直径为 98，高度为 52，设置布尔为求差，然后选择上一步创建的圆柱体，单击"确定"按钮，创建的圆柱体如图 4-112 所示。

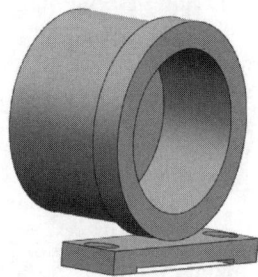

图 4-112　创建求差圆柱体

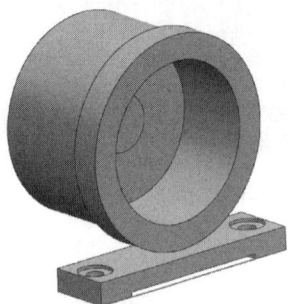

图 4-113 替换后的图形

步骤 12：继续创建圆柱体，设置圆柱体直径为 35，高度为 90，单击"确定"按钮，在菜单栏中选择"编辑"→"面"菜单命令，在"编辑面"对话框中单击"替换面"按钮 ，先选择直径为 35 的圆柱表面，再选择中间的平面将其替换，替换后的图形如图 4-113 所示。

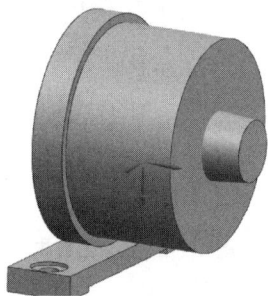

图 4-114 拔模圆柱体

步骤 13：在"特征操作"选项卡中单击"拔模"按钮 ，设置矢量方向为 Z 轴，选择固定平面，再选择直径为 35 的圆柱面为拔模的面，设置拔模角度为 5°，如图 4-114 所示。

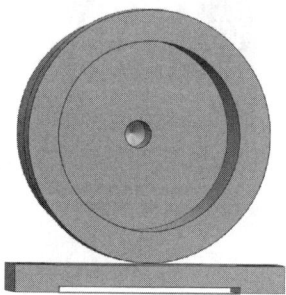

图 4-115 创建简单孔

步骤 14：在"特征"选项卡中单击"孔"按钮，在"孔"对话框中设置简单孔直径为 14，深度为 14，选择圆柱面为放置面，单击"应用"按钮，在"定位"对话框中单击"点到点"按钮，将孔定位于圆柱面的圆心位置，如图 4-115 所示。

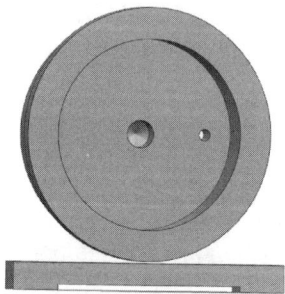

图 4-116 创建通孔

步骤 15：在"特征"选项卡中单击"孔"按钮，在"孔"对话框中设置简单孔直径为 6，深度为 50，选择圆柱面为放置面，单击"应用"按钮，设置通孔与圆柱体中心的水平距离为 35，竖直距离为 0，创建的通孔如图 4-116 所示。

步骤 16：在"特征操作"选项卡中单击"镜像特征"按钮 ![icon]，选择通孔特征为镜像对象，在"镜像特征"对话框中单击"平面构造器"按钮 ![icon]，在"平面"对话框中单击"YC-ZC"按钮，将创建一个平面，单击"确定"按钮，通孔特征将沿平面镜像，如图 4-117 所示。

图 4-117　镜像孔特征

步骤 17：在"特征"选项卡中单击"孔"按钮，在"孔"对话框中设置简单孔直径为 5，深度为 14，选择圆柱面为放置面，单击"应用"按钮，设置通孔与圆柱体中心的水平距离为 0，竖直距离为 58，创建的孔如图 4-118 所示。

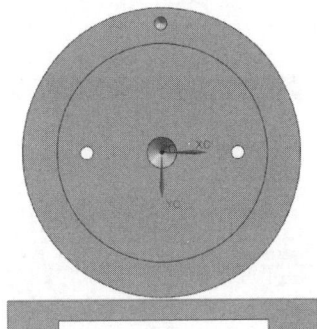

图 4-118　创建孔

步骤 18：在"特征操作"选项卡中单击"阵列特征"按钮 ![icon]，在"阵列特征"对话框中单击"圆形阵列"按钮，选择上一步创建的孔特征，单击"确定"按钮，在"阵列特征"对话框中设置数量为 3，角度为 120°，如图 4-119 所示。

图 4-119　设置圆形阵列参数

图 4-120 圆形阵列效果

步骤 19：在"阵列特征"对话框中单击"确定"按钮，设置为"点和方向"，单击 ZC 轴为旋转轴，指定原点为参考点，圆形阵列后的图形如图 4-120 所示。

图 4-121 设置新原点坐标

步骤 20：在菜单栏中选择"格式"→"WCS"→"点"菜单命令，在"点"对话框中，设置新原点坐标，然后单击"确定"按钮，如图 4-121 所示。

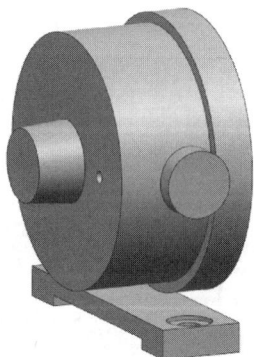

图 4-122 创建的求和圆柱体

步骤 21：在菜单栏中选择"格式"→"WCS"→"旋转"菜单命令，在"旋转"对话框中，设置绕 YC 轴旋转。

步骤 22：在"特征"选项卡中单击"圆柱体"按钮，设置圆柱体直径为 32，高度为 15，布尔运算为求和，单击"确定"按钮，创建的求和圆柱体如图 4-122 所示。

步骤 23：在"特征"选项卡中单击"孔"按钮，设置简单孔直径为 15，深度为 30，选择上一步创建的圆柱体的面为放置面，将孔定位于圆柱体的圆心位置，在"特征操作"选项卡中单击"镜像特征"按钮 ，选择上两步创建的圆柱体和孔特征为镜像对象，在"镜像特征"对话框中单击"平面构造器"按钮 ，在"平面"对话框中设置类型为"曲线和点"，选择底座的长方体的中点，单击"确定"按钮，特征将沿平面镜像，如图 4-123 所示。

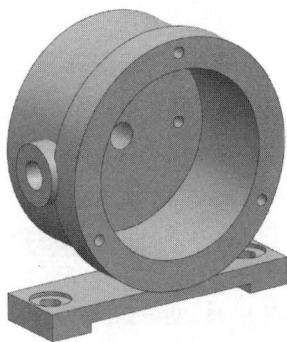

图 4-123 特征镜像效果

步骤 24：在菜单栏中选择"编辑"→"曲线"→"长度"菜单命令，选择长方体的一条长边为对象，设置总长度为 50，在"特征"选项卡中单击"拉伸"按钮 ，设置限制距离为 15，布尔运算为求和，设置偏置为两侧，开始为 0，终点为 9，选择长方体为要求和的体，单击"确定"按钮，拉伸的实体如图 4-124 所示。

图 4-124 拉伸特征

步骤 25：在"特征"选项卡中单击"拉伸"按钮 ，设置限制距离为 25，布尔为求和，设置偏置为两侧，开始为 9，终点为 40，选择长方体为要求和的体，单击"确定"按钮。

步骤 26：在"特征操作"选项卡中单击"偏置面"按钮 ，在"偏置面"对话框中设置偏置距离为 -5，选择上一步拉伸的实体的两个端面，偏置后的图形如图 4-125 所示。

图 4-125 偏置面

图 4-126　进行面倒圆

步骤 27：在"特征操作"选项卡中单击"面倒圆"按钮 ![icon]，选择拉伸的实体的面为面链 1，选择长方体的表面为面链 2 后，在"面倒圆"对话框中设置倒圆横截面形状为圆，半径为 10，单击"确定"按钮，面倒圆效果如图 4-126 所示。

图 4-127　进行倒斜角

步骤 28：在"特征操作"选项卡中单击"倒斜角"按钮 ![icon]，在"倒斜角"对话框中设置横截面为对称，距离为 2，选择圆柱体的边为要倒斜角的边，倒斜角后的图形如图 4-127 所示。

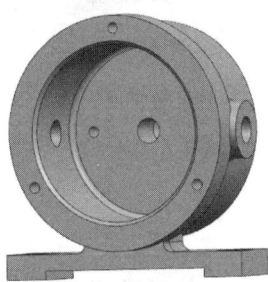

图 4-128　进行边倒圆

步骤 29：在"特征操作"选项卡中单击"边倒圆"按钮 ![icon]，在"边倒圆"对话框中设置半径为 3，对图形中其他地方进行边倒圆，如图 4-128 所示。

本 章 小 结

本章主要讲解了 UG NX 12.0 中特征编辑中的常用命令及操作方法，在特征操作中，本章全面介绍了各种特征操作命令的使用方法，比较重要的是布尔运算、拔模、倒圆、抽壳、缝合、偏置面和镜像特征等，学习完本章之后应该熟练使用这些操作命令。

1. 镜像特征、实例特征和变换中的操作有什么区别？

答：镜像特征和实例特征可以对特征进行镜像、圆形阵列、矩形阵列等。实例特征只能用于在特征中编辑特征，例如，在长方体特征中对孔进行矩形阵列或圆形阵列，可以选择孔镜像。而使用变换不能对成型特征进行操作，例如，使用变换不能选取孔特征。

2. 能选择任何面作为替换面吗？

答：在替换表面时应注意：替换表面时，会移除特征参数，所以只有当特征无参数化相关时才能使用此功能。替换表面时，使用定义的替换面替换实体表面，选择的表面边缘将被移除，通过新的表面与相邻表面的交线生成新的边缘线，若产生新的交线出现问题，将不能进行表面替换。

3. 缝合的用途是什么？

答：缝合一般用于将曲面之间缝合，一般在模具设计中的分模中，将分型面缝合，然后利用分型面将型芯和型腔分割。也可以在产品设计中利用缝合的曲面分割模型。

本 章 习 题

1. 填空题

（1）布尔运算操作用于 UG 建模时确定多个体（片体或实体）之间的组合关系分别是_____、_____、_____共 3 种。

（2）通过拔模体拔模时，有两种拔模类型可以选择，分别是_____、_____。

（3）在 UG NX 12.0 中的_____特征，可以使截面沿指定的方向和距离生成实体。

2. 选择题

（1）使用从边拔模方式时，选择的所有参考边在任意点处的切线与拔模方向间的夹角，必须____拔模角度。

A. 大于　　　　　B. 小于　　　　　C. 等于　　　　　D. 以上都可以

（2）____选项控制溢出区域是光滑的，此时系统将产生与其他邻接面相切的边倒圆。

A. 允许陡峭边缘溢出　　　　　　　B. 允许凸起溢出

C. 允许光顺溢出　　　　　　　　　D. 柔化过渡顶点

（3）在 UG NX 12.0 中使用实例特征时，不能对特征进行操作的选项是____。

A. 矩形阵列　　　B. 圆形阵列　　　C. 图样面　　　D. 平移

3. 简答题 / 上机练习

（1）简述面倒圆 / 软倒圆 / 边倒圆的相似之处和不同之处。

（2）试列举通过"部件导航器"对话框可以实现的几项操作。

（3）使用 UG NX 12.0 中的特征和特征操作完成建模，图形尺寸如图 4-129 所示。

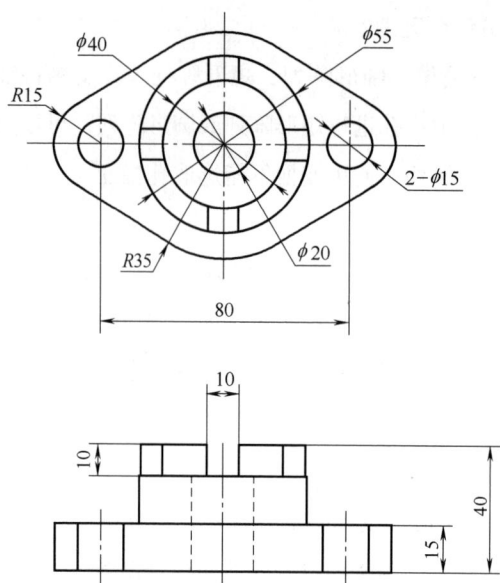

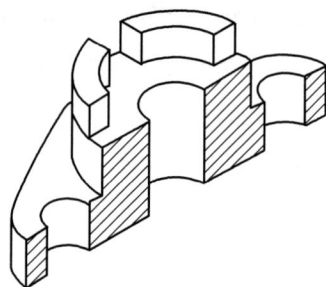

图 4-129　建模实例

第5章

装配建模

　　一个产品往往由多个部件（零件）装配而成，装配就是把加工好的零件按一定的顺序和技术连接到一起，成为一个完整的机械产品，并且可靠地实现产品设计的功能。装配是机械设计和生产中重要的环节，装配处于产品制造所必需的最后阶段，产品的质量（从产品设计、零件制造到产品装配）最终通过装配得到保证和检验。因此，装配是决定质量的关键环节。装配图是制订装配工艺规程、进行装配和检验的技术依据。

　　装配模块是 NX 中集成的一个应用模块，该模块能够将产品的各个零部件快速组合在一起，形成产品的整体结构，同时可对整个结构执行爆炸操作，从而更清晰地表达产品的内部结构以及部件的装配顺序。UG 软件是模拟真实产品装配过程，因此属于虚拟装配方式。虚拟装配中的装配体是引用各组件的信息，而不是复制其本身，因此改动组件时，相应的装配体也自动更新；这样当对组件进行变动时，就不需要对与之相关的装配体进行修改，同时也避免了修改过程中可能出现的错误，提高了效率。在 UG NX 12.0 中，部件的装配是在装配模块中完成的，装配模块用来建立部件间的相对位置关系，从而形成复杂的装配体。一个产品（组件）往往是由多个部件组合（装配）而成复杂的装配体。部件间位置关系的确定主要通过添加约束实现。系统提供了 8 种约束方式，通过对组件添加多个约束，可以准确地把组件装配到位。通过本章的学习，可以了解产品装配的一般过程，掌握一些基本的装配技能。UG NX 12.0 的装配模块具有以下特点：

- 利用装配导航器可以清晰地查询、修改和删除组件及约束；
- 提供了强大的爆炸图工具，可以方便地生成装配体的爆炸图；
- 提供了很强的虚拟装配功能，有效地提高了工作效率；
- 提供了方便的组件定位方法，可以快捷地设置组件间的位置关系。

5.1　UG NX 12.0 装配概述

　　UG 装配过程是在装配中建立部件之间的链接关系。它是通过关联条件在部件间建立约束关系来确定部件在产品中的位置。UG 装配模块不仅能快速组合零部件成为产品，而且在装配中，可参照其他部件进行部件关联设计，并可对装配模型进行间隙分析、重量管理等操作。本章主要介绍 UG 基本装配命令的使用方法。在菜单栏中的装配下拉菜单中，包含了装配的相关操作，也可以在"装配"工具栏中选择相关的命令，如图 5-1 所示。

图 5-1 "装配"工具栏

5.1.1 装配术语

在装配建模中，包含以下装配术语。

装配部件：是由零件和子装配构成的部件。在 UG 中允许向任何一个 Part 档中添加部件构成装配，因此任何一个 Part 档都可以作为装配部件。在 UG 中，零件和部件不必严格区分。需要注意的是，当存储一个装配时，各部件的实际几何数据并不是存储在装配部件档中，而是存储在相应的部件（即零件文件）中。

组件：在装配中按特定位置和方向使用的部件。组件可以是独立的部件，也可以是由其他较低级别的组件组成的子装配。装配中的每个组件仅包含一个指向其主几何体的指针，在修改组件的几何体时，装配体将随之发生变化。

• 单个零件：是指在装配外存在的零件几何模型，它可以添加到一个装配中去，但它本身不能含有下级组件。

组件对象：是一个从装配部件链接到部件主模型的指针实体。一个组件对象记录的信息有部件名称、层、颜色、线型、线宽、引用集和配对条件等。

主模型：是供 UG 模块共同引用的部件模型。同一主模型，可同时被工程图、装配、加工、机构分析和有限元分析等模块引用，当主模型修改时，相关应用自动更新。

引用集：定义在每个组件中的附加信息，其内容包括了该组件在装配时显示的信息。每个部件可以有多个引用集，供用户在装配时选用。

自顶向下装配：是指在装配级中创建与其他部件相关的部件模型，是在装配部件的顶级向下产生子装配和部件（即零件）的装配方法。

自底向上装配：是指先创建部件几何模型，再组合成子装配，最后生成装配部件的装配方法。

混合装配：将自顶向下装配和自底向上装配结合在一起的装配方法。例如先创建几个主要部件模型，再将其装配在一起，然后在装配中设计其他部件，即为混合装配。在实际设计中，可根据需要在两种模式下切换。

5.1.2 引用集

在装配过程中，由于各个部件含有操作、基准平面及其他辅助图形数据，如果要显示装配中各部件和子装配的所有数据，一方面容易混淆图形，另一方面由于引用零部件的所有数据，需要占用海量存储器，因此不利于装配工作的进行。可以通过使用引用集，过滤用于表示一个给定组件或子装配的数据量，来简化大装配或复杂装配图形显示。引用集的使用可以大大减少（甚至完全消除）部分装配的部分图形显示，而无需修改其实际的装配结构或下属几何体模型。每个组件可以有不同的引用集，因此在一个单个装配中同一个部件允许有不同的表示。

（1）引用集的概念

引用集是用户在零部件中定义的部分几何对象，它代表相应的零部件装配。引用集可包含下列数据：零部件名称、原点、方向、几何体、坐标系、基准轴、基准平面和属性等。引用集一旦产生，就可以单独装配到部件中。一个零部件可以有多个引用集。

（2）引用集的操作

在菜单栏中选择"格式"→"引用集"菜单命令，将弹出"引用集"对话框，如图 5-2 所示。

在"引用集"对话框中，可进行引用集的建立、删除、更名、查看、指定引用集属性以及修改引用集的内容等操作。该对话框中各选项的功能或含义如下。

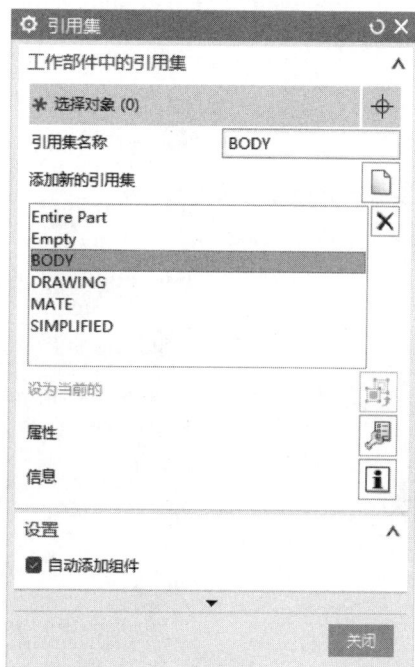

创建 ▢：用于建立引用集，部件和子装配都可以建立引用集。部件的引用集既可在部件中建

图 5-2　"引用集"对话框

立，也可在装配中建立。如果要在装配中为某部件建立引用集，应先使其成为工作部件。单击该按钮，可以根据需要创建引用集 CSYS，勾选"创建引用集 CSYS"复选框，用户需要创建引用集坐标系，如果不勾选该复选框，系统默认当前工作坐标的方向与原点为引用集坐标的方向与原点。在"创建引用集"对话框中单击"确定"按钮，将弹出"类选择"对话框，用于选择添加到引用集中的几何对象。在图形窗口中选取要添加到引用集的对象后，单击"确定"按钮，则建立一个用所选对象表达该部件的引用集。

删除 ☒：用于删除部件或子装配中已建立的部件，在"创建引用集"对话框中选择需要删除的引用集，然后单击此按钮即可。

重命名🖉：用于对创建的引用集重新设置名称，在"创建引用集"对话框中选择需重命名的引用集，然后单击此按钮，用户可以直接更改引用集的名称。

编辑属性🔧：在"创建引用集"对话框中选择引用集，然后单击此按钮，将弹出"引用集属性"对话框，如图5-3所示。可以在"名称"和"值"文本框中输入属性，单击"确定"按钮后将完成对引用集属性的编辑。

信息ⓘ：用于查看当前零部件中已建立引用集的信息。选择一组引用集后，该按钮被启动，单击此按钮，弹出如图5-4所示"信息"窗口，将列出当前部件中所有引用集的名称。

设置为当前：用于将高亮显示的引用集设置为当前引用集。

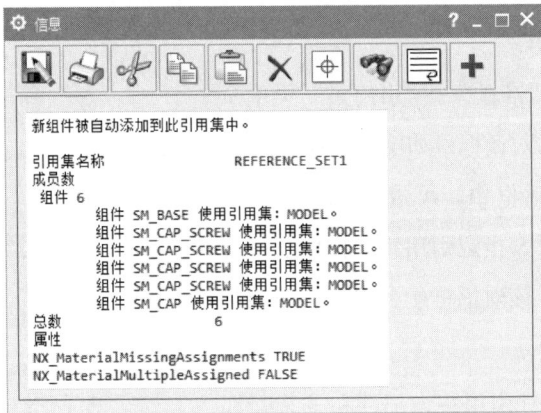

图5-3 "引用集属性"对话框

图5-4 "信息"窗口

添加对象➕：用于为已建立的引用集添加几何对象。选择一种引用集后，该按钮被启动，单击此按钮，将弹出"类选择"对话框，用于选择要添加到该引用集的对象。

移除对象➖：移除已建立引用集中的几何对象。选择一种引用集后，该按钮被启动，单击此按钮，可以从所选择的引用集对象中选择要移除的对象，单击"确定"按钮即可移除对象。

编辑对象🔧：为引用集指定新的对象。选择一种引用集后，该按钮被启动，单击此按钮，可以在绘图窗口中选择新的引用集的对象，单击"确定"按钮即可为引用集指定新的对象。

5.1.3 装配导航器

装配导航器是 UG NX 12.0 中装配操作环境的一部分，它能够显示装配结构树以及树中节点的各种信息。装配导航器不仅能清楚地显示各个组件的装配关系，还能快速地编辑各个组件部件。"装配导航器"位于绘图工作区的左侧，如图 5-5 所示。装配导航器的界面分为上、中、下 3 部分，上部分是零件栏，采用结构树模式，包含装配件的名称；中间部分是预览图，可以显示装配件或零件的缩略图；下部分是依附栏，显示该零件或装配件与其他组件之间的关系。装配导航器有两种不同的显示模式，即浮动模式和固定模式。其中在浮动模式下，装配导航器以窗口形式显示，当鼠标离开导航器的区域时，导航器将自动收缩，并在该导航器左上方显示图钉图标，单击按钮，按钮变为钉上形状，装配导航器固定在绘图区域不再收缩。

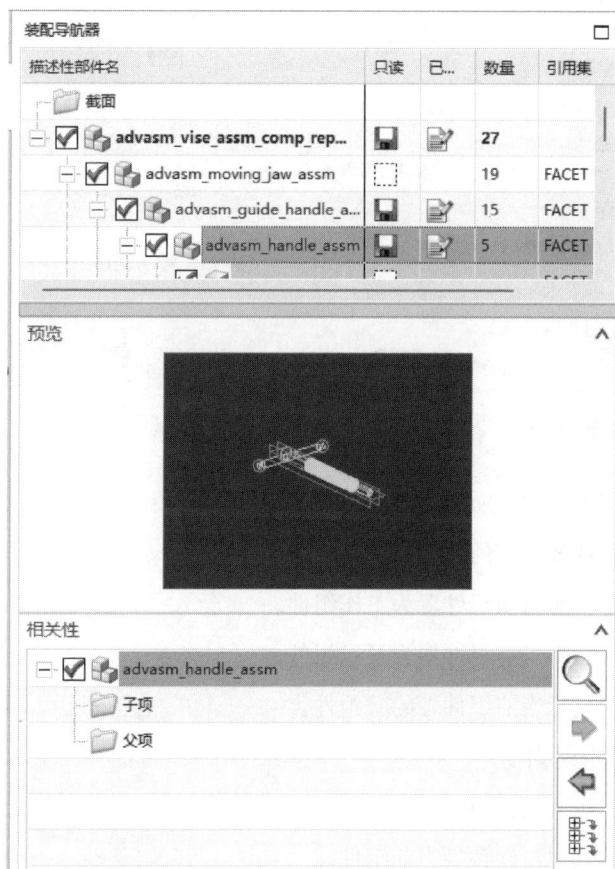

图 5-5　装配导航器

装配导航器中所使用的各个符号的含义如表 5-1 所示。

在装配导航器中，可以单击节点按钮⊞，将显示子装配，可以在任意一个节点上对零件进行操作，在节点上右击鼠标，将弹出快捷菜单，如图 5-6 所示。

表 5-1　装配导航器中所使用的各个符号的含义

符号	含义	符号	含义
�️	装配件	○	非约束
⬜	激活的零件	●	完全约束
☑	显示的零件	◐	部分约束
☑	隐藏的部件	⬜	未激活的零件

图 5-6　快捷菜单

快捷菜单中各选项的含义如下。

· 选择装配：将选择所有的装配组件。

· 转为工作部件：将当前组件置为工作组件。

· 转为显示部件：将当前组件置为显示组件。

· 显示父部件：显示当前组件上的父组件。

· 关闭：用于关闭组件。

· 替换引用集：用于切换引用集。

· 替换组件：用其他组件替换当前组件。

· 配对：定义组件间的配对关系。

· 重定位：用于打开"定位"对话框，重新定位选定的组件。

· 抑制：设置组件的状态为不加载状态。

· 隐藏：用于隐藏当前组件。

- 剪切：用于剪切当前组件。

- 复制：用于复制当前组件。

- 删除：用于删除当前组件。

- 属性：用于定义当前组件的属性。

5.2 装配的一般过程

部件的装配方式一般有两种：自底向上装配和自顶向下装配。自底向上的装配方法是真实装配过程的体现，而自顶向下的装配方法是在装配中参照其他零部件对当前工作部件进行设计的方法。本节将分别对这两种装配方法进行介绍。

5.2.1 添加组件

自底向上装配是先设计好了装配中部件的几何模型，再将该几何模型添加到装配中，该几何模型将会自动成为该装配的一个组件。

在菜单栏中选择"装配"→"组件"→"添加组件（添加现存的部件）"菜单命令，或者在"装配"工具栏中单击"添加组件"按钮 ，将弹出"添加组件"对话框，如图 5-7 所示。

（1）选择部件

有两种选择部件的方式，一种是在已加载的部件列表中选择部件，这些部件是在当前工作环境中现存的组件，而处于工作环境中的三维实体不会在列表中显示，因为它只是一个几何体而不含有其他

图 5-7 "添加组件"对话框

组件，选择组件后将在组件预览框中查看组件。另一种是单击"打开"按钮 ，在设定路径的位置中选择部件，如图 5-8 所示。

（2）定位方式

用于设置组件在装配中的定位方式。系统以下拉列表的形式提供了四种定位方式，其含义如下。

- 绝对原点：按绝对坐标方法设置组件在装配中的位置。

- 选择原点：该选项是按关联条件确定部件在装配中的位置。选择该选项后，将弹出"点"对话框，用于确定部件在装配中的目标位置。

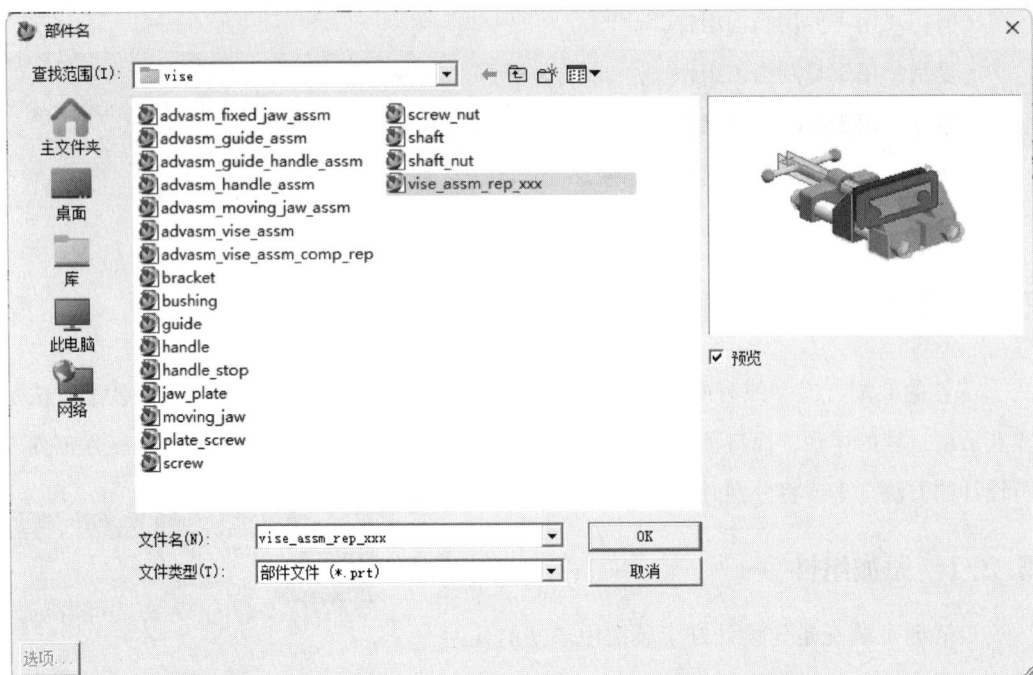

图5-8 "部件名"对话框

·配对：选择该选项，在"添加组件"对话框中单击"应用"按钮，系统将弹出"配对条件"对话框，要求用户设置部件关联的各种信息。

·重定位：选择该选项，在"添加组件"对话框中单击"应用"按钮，系统将弹出"点"对话框，用于确定组件在装配中的位置，指定了位置后将弹出"重定位组件"对话框，提示用户重新定位组件在装配中的位置。

（3）设置选项组

·名称：用于设置组件的新名称。

·引用集：用于更改引用集。可通过该下拉列表选择其他需要的引用集。

·图层选项：用于设置组件在装配中的所在层。该下拉列表包含"原先的（保持在原来的层）""工作（放置在当前工作层）""按指定的（指定新的图层）"三个选项。

5.2.2 配对组件

点击"装配"工具栏中"装配约束"按钮 ，将弹出"装配约束"对话框，如图5-9所示。使用该对话框可以指定组件之间的约束关系，相对于装配中的其他组件来重定位组件。装配约束用于在装配中定位组件，可以指定一个部件相对于装配体中另一个部件（或特征）的放置方式和位置。例如，可以指定一个螺栓的圆柱面与一个螺母的内圆柱面同轴。UG NX 12.0中装配约束的类型包括固定、接触对齐、同轴、距离和中心等。每个组件都有唯一的装配约束，这个装配约束由一个或多个约束组成。每个约束都会限制组件在装配体中的一个或几个自由度，从而确定组件的位置。用户可以在添加组件的过程中添加装配约束，也可以在添加完成后添加约束。如果组件的自由度被全部限制，称为完全约束；如果组件的自由度没有被全部限制，则称为欠约束。

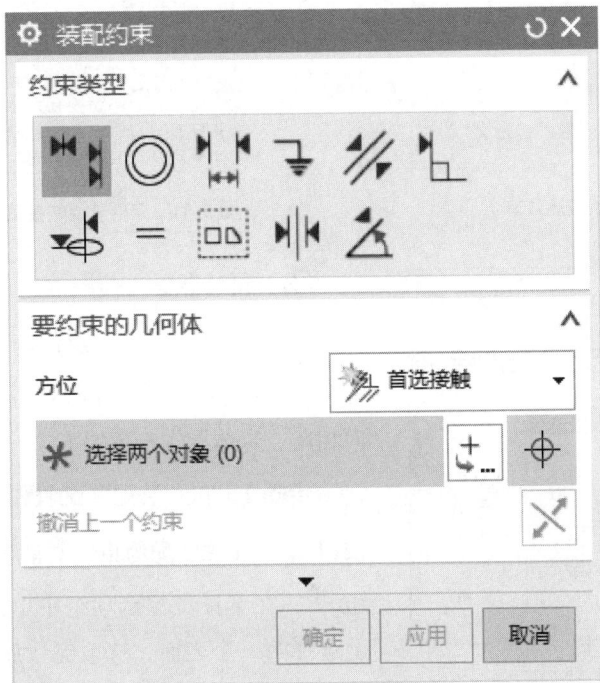

图 5-9 "装配约束"对话框

（1）配对列表框

在这个区域列出了装配中各组件的配对条件和约束关系。其中有 3 种类型的节点，分别是根节点、条件节点和约束节点，每类节点都有相应的快捷菜单，用于产生、编辑配对条件和约束条件。

根节点：此类节点由工作组件的名称组成，通常是装配件或子装配件。根节点只有一个。在根节点上右击鼠标，弹出快捷菜单，如图 5-10 所示。"创建配对条件"用于产生一个空配对条件。"创建被抑制的配对条件"用于产生一个空的且可被抑制的配对条件。

条件节点：此类节点是根节点的子节点，显示组件的配对关系。在条件节点上右击鼠标，弹出快捷菜单，如图 5-11 所示。

约束节点：显示组件的配对条件的约束。在约束节点上右击鼠标，弹出快捷菜单，如图 5-12 所示。便于快捷菜单替换、转换、删除或重命名组件配对类型。

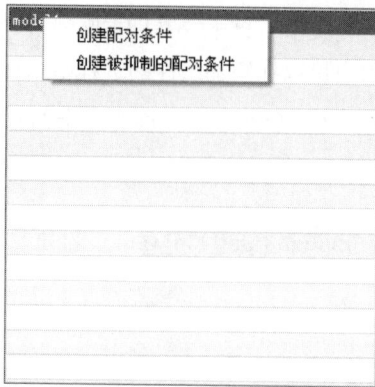

图 5-10　根节点快捷菜单

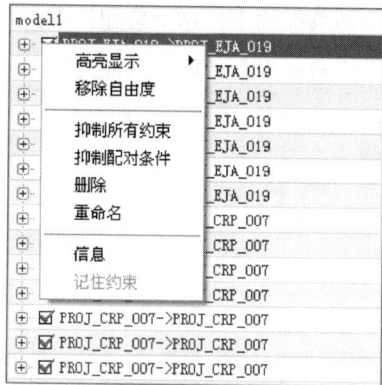

图 5-11　条件节点快捷菜单

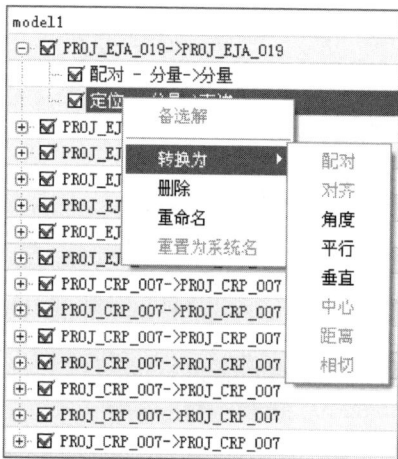

图 5-12　约束节点快捷菜单

（2）配对类型

·配对 ▶◀：该类型定位两个同类对象相一致。对于平面对象，用配对约束时，它们共面且法线方向相反。具体操作步骤如下。

步骤1：在"装配"工具栏中单击"装配约束"按钮 ▶◀，在"装配约束"对话框中单击"配对"按钮 ▶◀，在选择步骤选项组中单击图标 ，在实体上选择第一个表面，选取完毕后系统将自动在选择步骤选项中选择图标 。

步骤2：利用选择球在另一个实体上选取该约束的第二个平面；系统将自动在屏幕上显示该约束的自由度，组件沿两个平面法线方向的平移运动被约束，而其他的均自由。

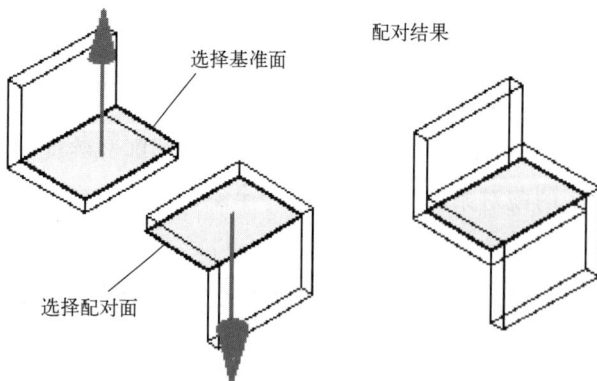

图 5-13　平面配对约束

步骤3：在"装配约束"对话框中单击"应用"按钮，即可完成配对，配对后两个平面重合，如图5-13所示。

对于锥体，系统首先检查其角度是否相等，如果相等，则对齐其轴线。对于曲面，系统先检验两个面的内外直径是否相等，若相等则对齐两个面的轴线和位置，其创建过程与平面对象配对约束的创建过程相同。对于圆柱面，要求相配组件直径相等才能对齐轴线。配对结果如图 5-14 所示。

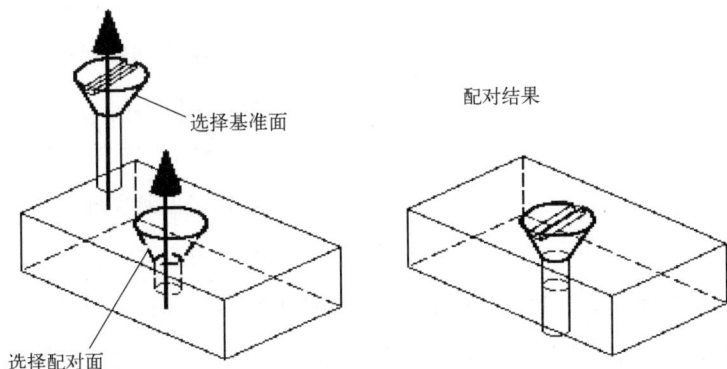

图 5-14　锥面配对约束

· 对齐 ▸|：该配对类型用于对齐对象的表面。当对齐平面时，使两个表面共面且法线方向相同，如图 5-15 所示。当对齐圆柱、圆锥和圆环面等对称实体时，是使其轴线相一致。

· 角度 ∠：该配对关联类型是在两个对象间定义角度尺寸，用于约束相配组件到正确的方位上。角度约束可以在两个具有方向矢量的对象间产生，角度是两个方向矢量的夹角。这种约束允许关联不同类型的对象，例如可以在面和边缘之间指定一个角度约束。角度约束有两种类型：平面角度和三维角度。平面角约束需要一根转轴，两个对象的方向矢量与其垂直。

· 平行 ∥：该配对类型用于约束两个对象的方向矢量彼此平行。

· 垂直 ⊥：该配对类型用于约束两个对象的方向矢量彼此垂直。

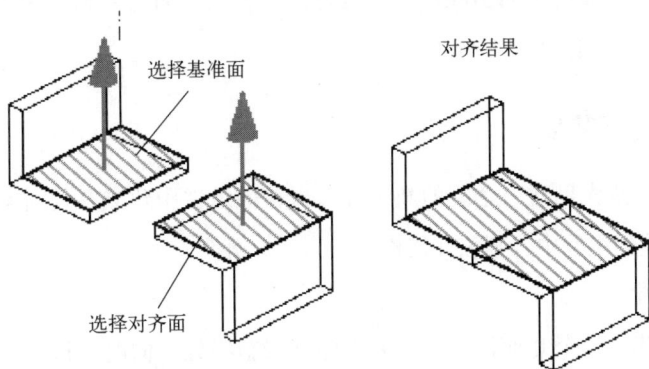

图 5-15　对齐

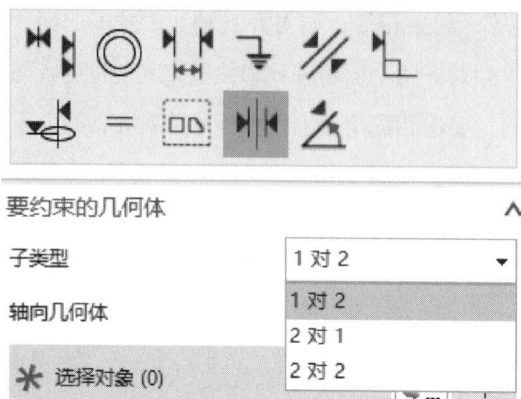

图 5-16　中心对象下拉列表

· 中心 ◀▮▶：该配对类型用于约束两个对象的中心，使其中心对齐。中心对象下拉列表中包含了三个选项，如图 5-16 所示。

1 对 2：将要被配对的组件中的一个对象定位到要配对的组件中两个对象的对称中心上。

2 对 1：将要被配对的组件中的两个对象定位到要配对的组件中一个对象的对称中心上。

2 对 2：将要被配对的组件中的两个对象与要配对的组件中的一个对象成对称布置。

提示：要被配对的组件是指需要添加约束进行定位的组件，要配对的组件是指位置固定的组件。

· 距离 ⊥：该配对类型用于指定两个组件表面的最小三维距离，距离可以是正值也可以是负值，正负号确定相关联对象在目标对象的哪一边。需要在距离表达式文本框中输入距离。

· 相切 ▶○：该配对类型用于将两个对象相切。

（3）过滤器

过滤器用于限制所选对象的类型，通过过滤器可以快速选择组件上的几何对象进行约束。

（4）其他选项

预览：该选项用于预览配对效果。

列出错误：该选项用于列出配对错误信息。如果定义的约束相互冲突，或选择的对象与配对类型不适合，则该选项被激活。

5.2.3　自顶向下装配

自顶向下装配是先创建一个空的新组件，再在该组件中建立几何对象或是将原有的几何对象添加到新建的组件中，则该几何模型成为一个组件。

（1）新建组件

先在装配中建立一个几何模型，然后创建一个新组件，同时将该几何模型链接到新建组件中。其具体操作步骤如下。

步骤 1：首先需要打开一个文件，该文件中包含有实体模型，或者新创建一个模型。在"装配"工具栏中单击"新建组件"按钮，将弹出"类选择"对话框，选择添加到组件中的实体。在"名称"文本框中输入新建组件的名称，如图 5-17 所示。

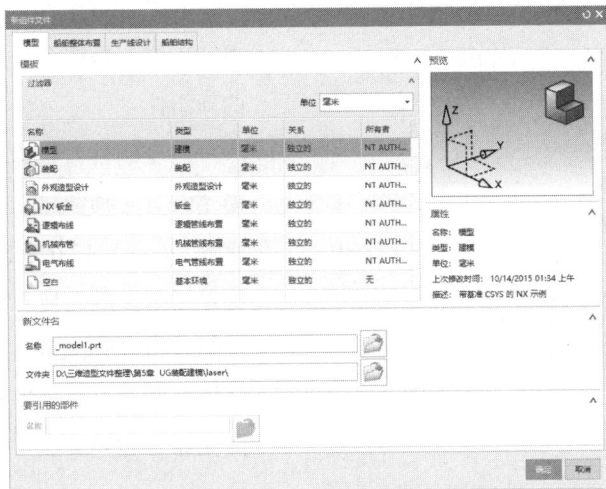

图 5-17　输入新建组件名称

步骤 2：输入名称后单击"确定"按钮，弹出"新建组件"对话框，如图 5-18 所示。

图 5-18　"新建组件"对话框

"新建组件"对话框中各选项的含义如下。

组件名：可以指定新组件的名称，在此文本框中修改名称。

引用集名称：在此文本框中指定引用集的名称。

图层选项：用于设置产生的组件加到装配部件中的哪一层，包含了原始的、工作、按指定的三个选项。

图层：在文本框中指定组件所在的图层，只有图层选项为按指定的才能激活该文本框。

组件原点：指定组件原点采用的坐标是 WCS（工作坐标）还是绝对坐标。

复制定义对象：勾选此复选框，从装配中复制所选的实体到组件中。

删除原对象：勾选此复选框，从装配中删除所选的实体。

图 5-19 "WAVE 几何链接器"对话框

在"新建组件"对话框中设置完各个选项后，单击"确定"按钮，在装配中产生了一个所选实体对象的新组件。

将空组件设置为工作部件后，就可以进行装配建模了。有两种创建几何模型的方法：一种方法是直接应用 UG NX 12.0 建模方法建立几何对象；另一种方法是建立关联几何对象，如果要求新组件与装配中其他组件有几何关联性，则应在组件间建立链接关系。在组件间建立链接关系的方法是：应用"WAVE 几何链接器"建模。在"装配"工具栏中单击"WAVE 几何链接器"按钮 ，将弹出"WAVE 几何链接器"对话框，如图 5-19 所示。

WAVE 几何链接器可以将其他组件中的点、线、面、体链接到当前工作部件中。

（2）对象类型

在"WAVE 几何链接器"对话框的类型下拉列表中，包含了 WAVE 几何链接器可以链接的对象，如图 5-20 所示。

类型下拉列表中各选项的含义如下。

复合曲线：用于建立链接复合曲线。选择此选项，选择操作曲线、曲线或实体的边缘线，单击"应用"按钮，即可将曲线链接到当前部件中。

点：建立链接点。可以将点链接到当前工作部件中。

基准：用于建立链接基准轴或基准平面链接。选择此选项，可以从其他部件中选择基准轴或基准平面，单击"应用"按钮，即可将其链接到当前部件中。

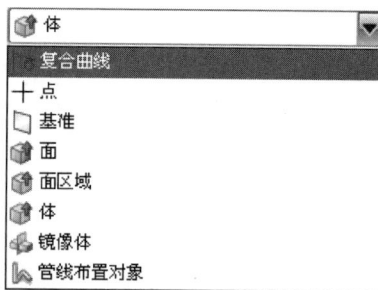

图 5-20 类型下拉列表

面：用于建立链接面。选择此选项时，可以从"面选项"下拉列表中选择面的类型，可以选择一个或多个实体表面，如图 5-21 所示。单击"应用"按钮，即可将面链接到当前工作部件中。

面区域：将建立链接区域。选择此选项，"WAVE 几何链接器"对话框将变为如图 5-22 所示。先单击选择种子面图标，从其他组件上选择种子面；然后单击选择边界面图标，并指定各边界，单击"应用"按钮，可以将指定边界包围的区域链接到工作部件中。

体：建立链接实体。选择该选项，在其他部件中选择实体，然后单击"应用"按钮，即可将实体链接到当前工作部件中。

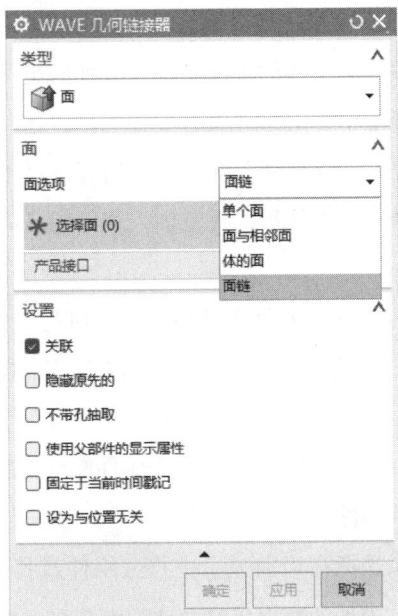

图 5-21　选择面选项

图 5-22　选择面区域

镜像体：建立链接镜像体。选择该选项后，对话框中部将显示镜像实体的选择方式，单击选择实体图标，并从其他组件上选择实体；然后选择镜像平面图标，指定镜像平面。单击"应用"按钮，即可将所选实体按所选平面镜像到工作部件中。

管线布置对象：建立链接管线对象。

"WAVE 几何链接器"对话框中设置选项组的各选项含义如下。

关联：勾选此复选框，建立的链接组件与原组件关联。

隐藏原先的：勾选此复选框，链接组件后，将隐藏原先的组件。

固定于当前时间戳记：勾选此复选框，所选的链接在后面产生的特征将不出现在链接所建立的特征上；否则，链接所建立的特征上将出现后面产生的特征。

删除孔：勾选此复选框，链接后将删除组件上的孔。

5.2.4　编辑组件

组件添加到装配以后，可对其进行替换、抑制、阵列等编辑。下面来介绍实现各种编辑的方法和过程。

（1）替换组件

在"装配"工具栏中单击"替换"按钮 ，将弹出"类选择"对话框，选择要替换的

图 5-23 "替换组件"对话框

组件后,将弹出"替换组件"对话框,如图 5-23 所示。

该对话框中各选项的含义如下。

移除和添加:表示直接替换组件。它是在装配中先移去组件,然后在移去组件的位置上添加另一个组件。系统不会沿用移去组件的关联条件到替换的组件上,替换的组件与装配中其他组件没有装配关系。选择该选项后,系统弹出"选择部件"对话框,需要选择用于替换的组件,选择一个组件后,设置加入组件的名称、引用集和图层。

维持配对关系:表示在替换组件时维持装配关系。此方法也是先在装配中移除组件,然后在原来的位置上加入组件,系统将保持原来组件的装配关系,并沿用到替换的组件上,使替换的组件与其他装配组件保持装配关系。

(2)抑制组件

抑制组件是指在当前显示中移去组件及其子组件,使其不执行装配操作。抑制组件并不是删除组件,组件的数据仍然在装配中存在,只是不执行一些装配功能,可以用解除组件的抑制恢复。

在"装配"工具栏中单击"抑制"按钮 ,将弹出"类选择"对话框,选择要抑制的组件后,该组件将被移除,组件抑制后不在视图中显示,也不会在装配工程图和爆炸视图中显示,在装配导航工具中也看不到。抑制组件不能进行干涉检查和间隙分析,不能进行重量计算,也不能在装配报告中查看有关信息。

在抑制组件后也可以取消抑制的组件。在"装配"工具栏中单击"取消抑制组件"按钮 ,将弹出"选择被抑制的组件"对话框。在此对话框中选择被抑制的组件后,单击"确定"按钮,即可将组件恢复。

可以定义装配布置中组件的抑制状态。在"装配"工具栏中单击"编辑抑制状态"按钮 ,将弹出"类选择"对话框,选择组件后,单击"确定"按钮,将弹出"抑制"对话框,如图 5-24 所示。

可以在此对话框中抑制组件或取消抑制组件,选择对话框中的组件,选择"始终抑制"单选按钮,即可将组件抑制;选择"从不抑制"单选按钮,即可恢复组件抑制。也可以利用表达式控制组件的显示。选择"由表达式控制"单选按钮,然后在表达式控制文本框中输入表达式 P1=0,单击"确定"按钮,即可将组件抑制。

（3）阵列组件

单击"阵列组件"按钮，将弹出"组件阵列"对话框，可以在该对话框中设置组件为圆形阵列或线性阵列，在阵列定义中选择"线性"选项，可以创建线性阵列特征，如图5-25所示。

"创建线性阵列"对话框中，需要定义线性阵列的方向，定义方向后，需要设置线性阵列的总数和阵列组件之间的偏置距离。

图5-24　"抑制"对话框

图5-25　"阵列组件"对话框

5.3　爆炸图

爆炸图是一种装配图，是将装配组件中的零件分类产生的图形，从而直观地反映装配体的零件组成、装配次序和零件的相对装配位置。如图5-26所示。

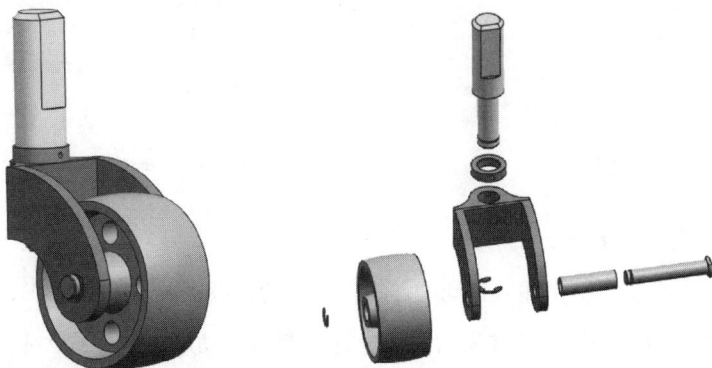

图5-26　装配图和爆炸图

5.3.1 创建爆炸图并爆炸组件

完成组件装配之后，可建立爆炸图来表达装配部件内部各组件间的相互关系。在"装配"工具栏中单击"爆炸图"按钮 ，将弹出"爆炸图"工具栏，如图5-27所示。该工具栏中包含所有的爆炸图创建和编辑选项。

图5-27 "爆炸图"工具栏

（1）创建爆炸图

在"爆炸图"工具栏中单击"新建爆炸"按钮 ，将弹出"新建爆炸"文本框，如图5-28所示。在该文本框中输入爆炸图的名称，单击"确定"按钮，即可创建一个爆炸视图。

（2）自动爆炸组件

在创建爆炸图后，组件的位置并没有发生变换，需要将组件炸开。在"爆炸图"工具栏中单击"自动爆炸组件"按钮 ，将弹出图5-29所示"类选择"对话框，在该对话框中点击"全选"按钮，选择所有组件就可对整个装配组件炸开，也可以连续选择任意多个组件，实现对这些组件的炸开。

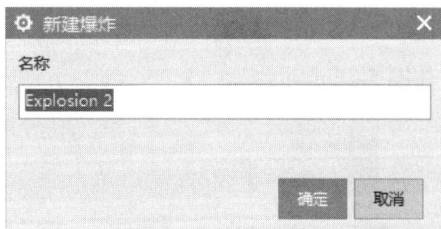

图5-28 "新建爆炸"文本框

图5-29 "类选择"对话框

该对话框中各选项的含义如下。

·距离：在距离文本框中输入自动爆炸组件之间的距离。

·添加间隙：增加爆炸组件之间的间隙。它控制着自动爆炸的方式，不勾选此复选框，则指定的距离为绝对距离，即组件从当前位置移动指定的距离值；勾选此复选框，指定的距离为组件相对于关联组件移动的相对距离。

在"自动爆炸组件"对话框中输入距离，单击"确定"按钮，则完成一种自动爆炸方式的操作，其过程和结果如图 5-30 所示。

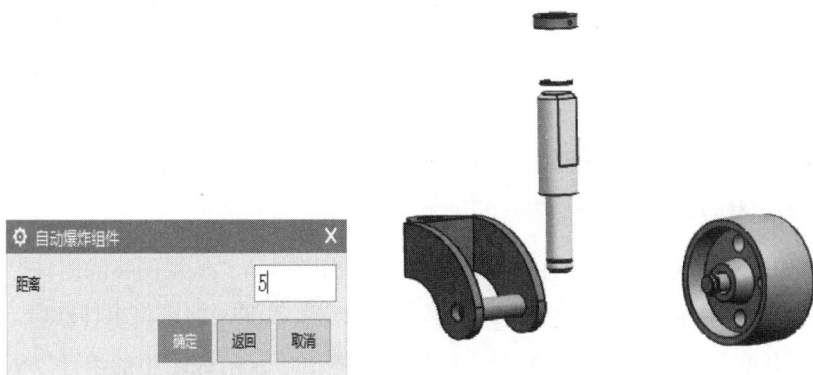

图 5-30 完成自动爆炸图

在"自动爆炸组件"对话框中输入距离，勾选"添加间隙"复选框，单击"确定"按钮，则实现另一种自动爆炸方式的操作，自动爆炸只能爆炸具有配对条件的组件，对于没有配对条件的组件不能用该爆炸方式。

5.3.2 编辑爆炸图

采用自动爆炸，一般不能得到理想的爆炸效果，通常还需要对爆炸图进行调整。在"爆炸图"工具栏中单击"编辑爆炸"按钮，将弹出"编辑爆炸"对话框，如图 5-31 所示。

该对话框中各选项的含义如下。

• 选择对象：选择"选择对象"单选按钮，可以选择要编辑的爆炸组件。

• 移动对象：选择"移动对象"单选按钮，可以指定两点间的距离为组件移动的距离，也可

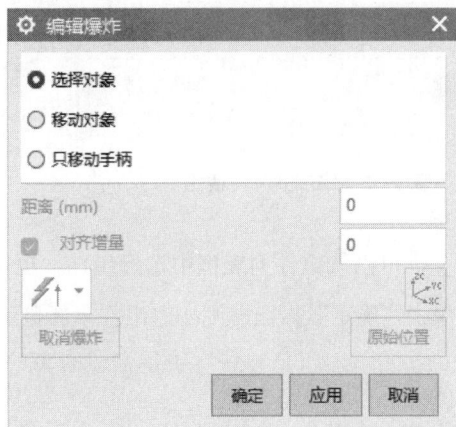

图 5-31 "编辑爆炸"对话框

以根据 WCS 的位置，自动判断点来移动组件。移动对象能够激活"取消爆炸"按钮，使组件回到原来的位置。

• 只移动手柄：选择此单选按钮，将只移动 WCS 原点的位置。可以将 WCS 原点移动到组件上来移动对象。

除了用编辑爆炸图来编辑组件外，还可以用其他方法来编辑组件，比如，取消爆炸组件、删除爆炸、移除和恢复组件到视图等。其具体含义如下。

·取消爆炸组件：在"爆炸图"工具栏中单击"取消爆炸组件"按钮 ，将弹出"类选择"对话框。选择要复位的组件后，单击"确定"按钮即可使已爆炸的组件回到其原来的位置。

·删除爆炸：在"爆炸图"工具栏中单击"删除爆炸"按钮 ，将弹出"爆炸图"对话框，如图 5-32 所示。该对话框中列出了所有爆炸图的名称，可在列表框中选择要删除的爆炸图，删除已建立的爆炸图。

·移除和恢复组件到视图：在"爆炸图"工具栏中单击"从视图移除组件"按钮 ，将弹出"类选择"对话框，选择组件后，单击"确定"按钮，即可将组件隐藏。在"爆炸图"工具栏中单击"恢复组件到视图"按钮，将弹出"显示视图中的组件"对话框，如图 5-33 所示。

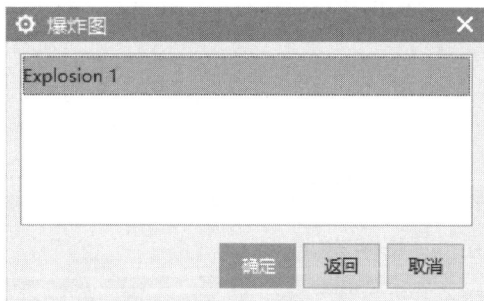

图 5-32 "爆炸图"对话框   **图 5-33** "显示视图中的组件"对话框

可以从组件列表框中选择组件，也可通过输入组件名称来选择组件。完成选择组件后，单击"确定"按钮，则所选组件重新显示在图形窗口中。

5.4 实例——斜滑块装配

本节将以斜滑块装配为例，介绍自底向上装配的方法，具体操作步骤如下。

步骤 1：启动 UG 软件，单击"新建"按钮，在打开的"文件新建"对话框中，选择"单位"为"毫米"后，在模板区域选择"装配"建模。确定文件夹的位置，并输入文件名称"slider block 5-4"，单击"确定"按钮。

步骤 2：在"装配"工
具栏中单击"添加组件"按钮
，将弹出"添加组件"对
话框，然后单击"打开"按
钮，将弹出"部件名"对话
框，选择 Sample 中 01 文件，
如图 5-34 所示。

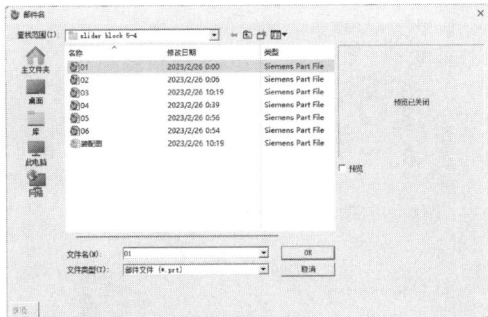

图 5-34 "部件名"对话框

步骤 3：在"部件名"对
话框单击"OK"按钮，将返
回到"添加组件"对话框，可
以在组件预览框中预览选择的
组件，如图 5-35 所示。

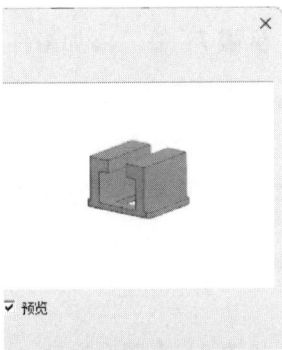

步骤 4：在"添加组件"
对话框中，设置定位方式为
"绝对原点"，然后单击"应
用"按钮，所选的部件将被导
入到图形窗口中，如图 5-36
所示。

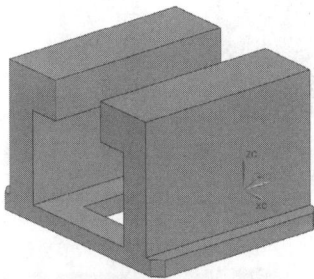

图 5-35 组件预览框

图 5-36 添加的组件

步骤 5：在"添加组件"对话框中单击"打开"按
钮，从弹出的"部件名"对话框中选择 01 文件，单
击"OK"按钮，将在组件预览框中查看组件，如图 5-37
所示。

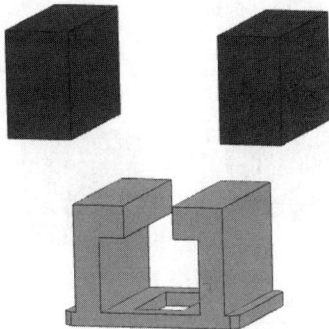

图 5-37 预览组件 1

图 5-38　设置定位方式

步骤 6：在"添加组件"对话框中，设置定位方式为"配对"，默认其他设置，如图 5-38 所示。

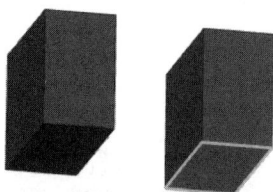

图 5-39　选择底面

步骤 7：在"添加组件"对话框中单击"应用"按钮，将弹出"配对条件"对话框，在"配对类型"选项组中单击"配对"按钮 ，然后在组件预览框中选择组件的底面作为要被配对的对象，如图 5-39 所示。

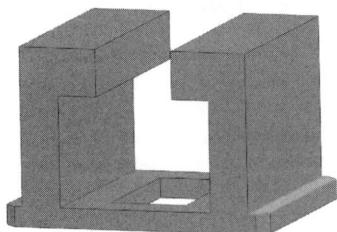

图 5-40　选择要配对到的组件上的对象

步骤 8：在图形窗口中选择模型的表面作为要配对到的组件上的对象，如图 5-40 所示。

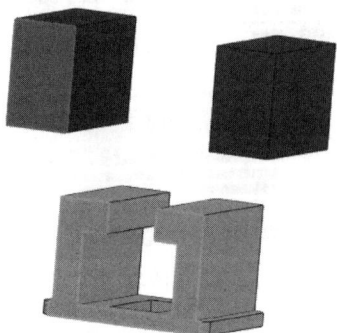

图 5-41　选择端面

步骤 9：在"配对类型"选项组中单击"对齐"按钮 ，然后在组件预览框中选择组件的端面作为要被配对的对象。

步骤 10：在图形窗口中选择模型的端面作为要配对到的组件上的对象，如图 5-41 所示。

步骤11：在"配对条件"
对话框中单击"应用"按钮，
配对效果如图 5-42 所示。

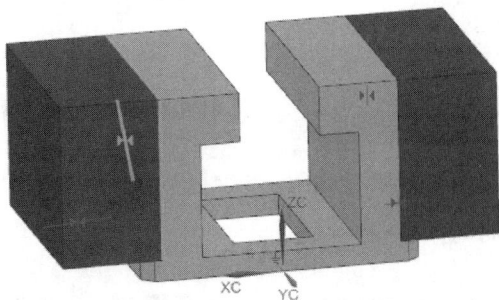

图 5-42　配对效果 1

步骤12：在"配对条件"
对话框中单击"取消"按钮，
在"添加组件"对话框中单
击"打开"按钮，从弹出的
"部件名"对话框中选择文件，
单击"OK"按钮，在组件预
览框中查看组件，如图 5-43
所示。

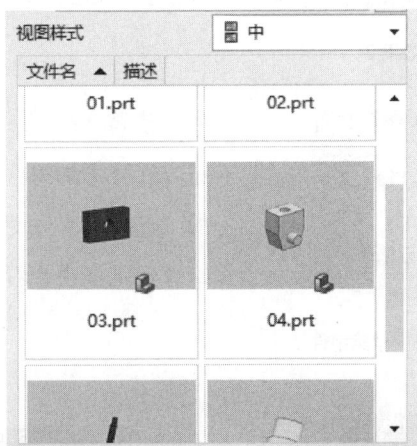

图 5-43　查看组件

步骤13：在"添加组件"对话框中设置定位方式为"配
对"，单击"应用"按钮，将弹出"配对条件"对话框，在
"配对类型"选项组中单击"配对"按钮 ▸◂，在组件预览框
中选择组件的端面，如图 5-44 所示。

图 5-44　选择组件的端面

步骤14：在图形窗口中
选择要配对到组件中的对象，
如图 5-45 所示。

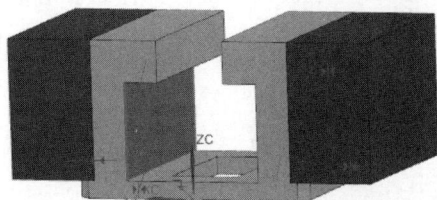

图 5-45　选择要配对到组件中的对象

图 5-46 选择组件的前端面

步骤 15：在"配对类型"选项组中单击"对齐"按钮 ▶│，然后在组件预览框中选择组件的前端面作为要被配对的对象，如图 5-46 所示。

图 5-47 配对效果 2

步骤 16：在图形窗口中选择模型的前端面作为要配对到的组件上的对象，然后在"配对条件"对话框中单击"应用"按钮，配对后的效果如图 5-47 所示。

图 5-48 预览组件 2

步骤 17：在"配对条件"对话框中单击"取消"按钮，在"添加组件"对话框中单击"打开"按钮，从弹出的"部件名"对话框中选择文件，单击"OK"按钮，在组件预览框中查看组件，如图 5-48 所示。

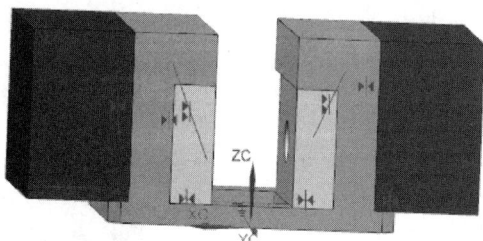

图 5-49 配对效果 3

步骤 18：按照上一个配对组件的方法，使用"配对"和"对齐"将此组件也配对到对象中，配对效果如图 5-49 所示。

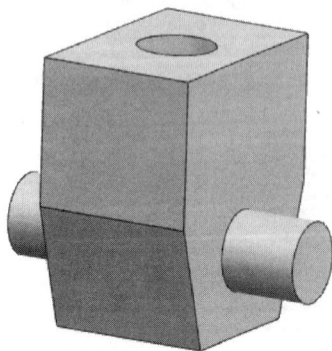

图 5-50 预览组件 3

步骤 19：在"配对条件"对话框中单击"取消"按钮，在"添加组件"对话框中单击"打开"按钮，从弹出的"部件名"对话框中选择文件，单击"OK"按钮，在组件预览框中查看组件，如图 5-50 所示。

步骤 20：在"添加组件"对话框中单击"应用"按钮，然后在"配对条件"对话框中单击"中心"按钮 ∙∥∙ ，并设置中心对象为"1 对 1"，在组件预览框中选择圆柱面为被配对到组件中的对象，如图 5-51 所示。

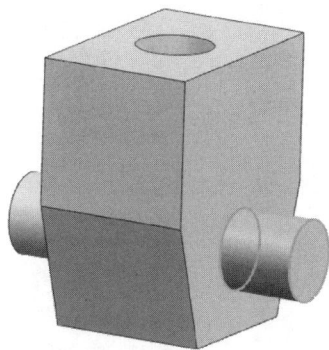

图 5-51　选择圆柱面

步骤 21：在图形窗口中选择模型的孔作为要配对到的组件上的对象，将保留两个自由度，如图 5-52 所示。

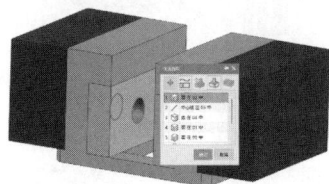

图 5-52　选择孔

步骤 22：然后在"配对条件"对话框中单击"应用"按钮，组件将被配对到装配中，如图 5-53 所示。

图 5-53　组件被配对到装配中

步骤 23：在"配对条件"对话框中单击"取消"按钮，在"添加组件"对话框中单击"打开"按钮，从弹出的"部件名"对话框中选择文件，单击"OK"按钮，在组件预览框中查看组件，如图 5-54 所示。然后在"添加组件"对话框中单击"应用"按钮，在"配对条件"对话框中单击"平行"按钮 ⁄⁄ ，然后选择组件的圆柱面，如图 5-55 所示。

图 5-54　预览组件 4

图 5-55　选择组件的圆柱面

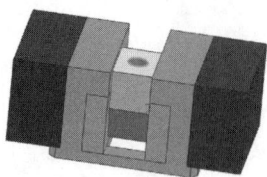

图 5-56　选择孔表面

图 5-57　配对效果 4

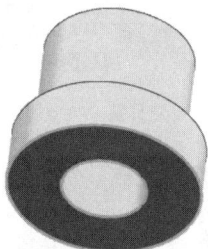

图 5-58　选择组件的底面

图 5-59　选择圆柱表面

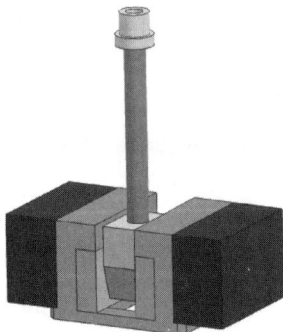

图 5-60　完成组件装配

步骤 24：在图形窗口中选择上一步添加组件的孔表面为要配对到组件中的对象，将剩余四个自由度，如图 5-56 所示。

步骤 25：在"配对条件"对话框中单击"应用"按钮，配对效果如图 5-57 所示。

步骤 26：在"配对条件"对话框中单击"取消"按钮，在"添加组件"对话框中单击"打开"按钮，从弹出的"部件名"对话框中选择文件，单击"OK"按钮，在组件预览框中查看组件，然后在"添加组件"对话框中单击"应用"按钮，在"配对条件"对话框中单击"配对"按钮 ▶◀，然后选择组件的底面，如图 5-58 所示。

步骤 27：在图形窗口中选择圆柱表面为要配对到组件上的对象，如图 5-59 所示。

步骤 28：在"配对条件"对话框中单击"应用"按钮，完成装配，如图 5-60 所示。

本 章 小 结

本章介绍了 UG NX 12.0 中的装配原理和使用各种装配方法装配组件，包括自顶向下装配和自底向上装配，其中，自底向上装配是最常用的装配方法，需要熟练掌握。UG NX 12.0 装配功能十分强大，命令也很多，本章只介绍其中最常用的也是最实用的装配工具。

此外，本章还介绍了如何创建爆炸图以及如何编辑爆炸图等，在装配图中一般都要附上爆炸图才能了解装配组件之间的关系。

（1）在配对条件中的配对和对齐有什么区别？

答：配对和对齐都可以将两个组件的面约束在同一平面上，不同的是配对是将两个组件的面贴合在一起，即两匹配的面法向相反；而对齐是将组件的面对齐，组件的面法向相同。在选择这两种配对方式时需要确定组件是在同一边还是在相反的方向上。

（2）如何应用 WAVE 几何链接器？

答：WAVE 几何链接器只能链接装配体中的组件，只能与新建的组件建立链接关系，不能链接一般的零件。WAVE 几何链接器主要应用于链接组件，比如向图形中添加标准件后，不能对装配组件进行编辑，使用 WAVE 几何链接器链接组件后，就可以对链接的组件进行编辑等。

（3）一个配对条件是否只能限制一个自由度？

答：答案是否定的，在 UG NX 12.0 中装配组件时，向组件之间添加配对条件时，每个配对条件控制不同的约束，组件之间相对位置的不同，显示的自由度也不尽相同。

本 章 习 题

1. 填空题

（1）在 UG NX 12.0 装配建模中，有三种装配方法，分别是＿＿＿＿、＿＿＿＿、＿＿＿＿。

（2）在添加组件时，可以设置四种定位方式，分别是绝对原点、＿＿＿＿、＿＿＿＿和重定位等。

（3）在创建爆炸图之后，可以使用＿＿＿＿或在＿＿＿＿对话框中单击＿＿＿＿按钮将炸开的组件复位。

2. 选择题

（1）装配部件是由＿＿＿和＿＿＿构成的。

A. 组件 子装配　　B. 部件 子装配　　C. 部件 组件　　　　D. 单个部件 子装配

（2）＿＿＿由工作部件的名称组成，通常是装配和子装配的名称。

A. 根节点　　　　B. 条件节点　　　C. 子节点　　　　D. 约束节点

（3）UG NX 12.0 中使用 WAVE 几何链接器链接部件时，在复制对象后不能设置链接的对象与源对象之间的关系的选项是_____。

  A. 关联   B. 隐藏原先的   C. 删除原先的   D. 固定于当前时间

3. 简答题 / 上机练习

（1）简述在装配建模中虚拟装配思路的含义。

（2）什么是引用集？使用引用集策略有什么作用？

（3）简要说明"自顶向下装配"和"自底向上装配"的含义和适用范围。

（4）装配如下所示支架模型，采用自底向上的装配方法，将各个部件新建为组件，然后将其进行重新装配，如图 5-61 所示。

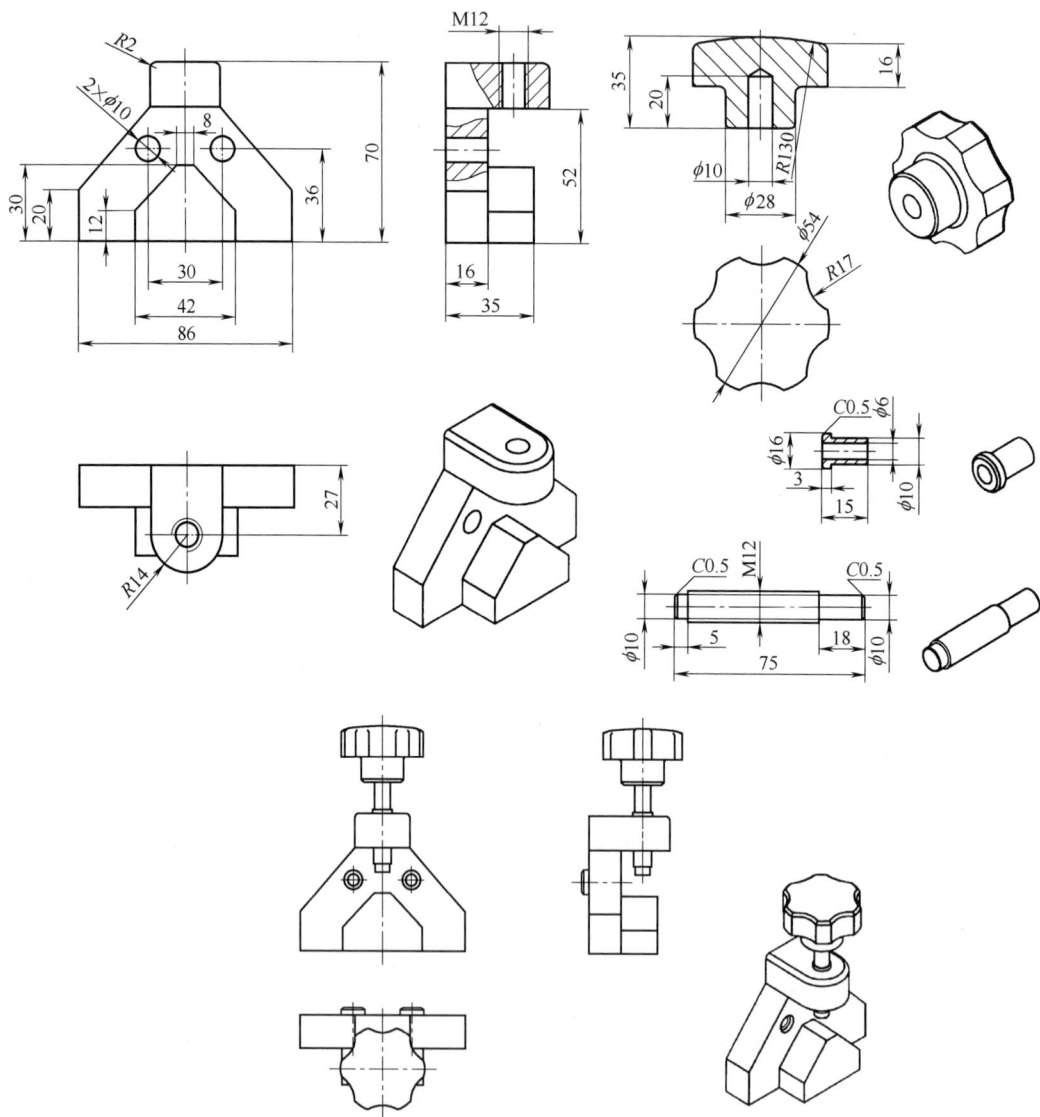

图 5-61   组件装配

第 6 章

工程制图

6.1　工程制图概述

工程图是将三维模型的信息在二维图纸上进行表达，在产品的研发、设计和制造等过程中，各类技术人员需要经常进行交流和沟通，工程图则是进行交流的工具。尽管随着科学技术的发展，3D 设计技术有了很大的发展与进步，各大三维 CAD 软件都在推出三维标注，同时各种数控加工设备的出现也从一定程度上弱化了二维图纸的重要性，但是三维模型并不能将所有的设计信息表达清楚，有些信息例如尺寸公差、形位公差（新的国家标准中已改为"几何公差"）和表面粗糙度等，仍然需要借助二维的工程图将其表达清楚，所以二维工程图仍然占有重要的地位，尤其是在生产加工过程中，工程图更显得特别重要。因此绘制工程图是产品设计中较为重要的环节，也是设计人员最基本的能力要求。

使用 UG NX 12.0 的制图环境可以创建三维模型的工程图，且图样与模型相关联。因此可以使图样与装配模型或单个零部件保持同步，图样能够反映模型在设计阶段中的更改。UG NX 12.0 的工程图主要由以下三个部分组成。

·视图：包括六个基本视图（主视图、俯视图、左视图、右视图、仰视图和后视图）、放大图、各种剖视图、断面图、辅助视图等。在制作工程图时，根据实际零件的特点，选择不同的视图组合，以便简单清楚地表达各个设计参数。

·尺寸、公差、注释说明及表面粗糙度：包括形状尺寸、位置尺寸、形状公差、位置公差、注释说明、技术要求以及零件的表面粗糙度要求。

·图框和标题栏等。

6.1.1　制图模块的调用方法

在工程制图模块中，用户可以创建各种视图，完成图纸需要的其他信息的绘制、标注、说明等。工程制图需要完成的主要工作包括：制图标准的设定、图纸的确定、视图的布局、各种符号标注（中心线、粗糙度）、尺寸标注、几何形位公差标注和文字说明等。单击应用模块上的"制图"命令，就可以进入 UG 的制图模块，工作环境界面如图 6-1 所示。进入工程图环境以后，下拉菜单将会发生一些变化，该界面与实体建模界面相比，在"主页"选项卡中增加了二维工程图的有关操作工具，为用户提供了一个方便、快捷的操作环境。下面对工程图环境中较为常用的下拉菜单和选项卡分别进行介绍。

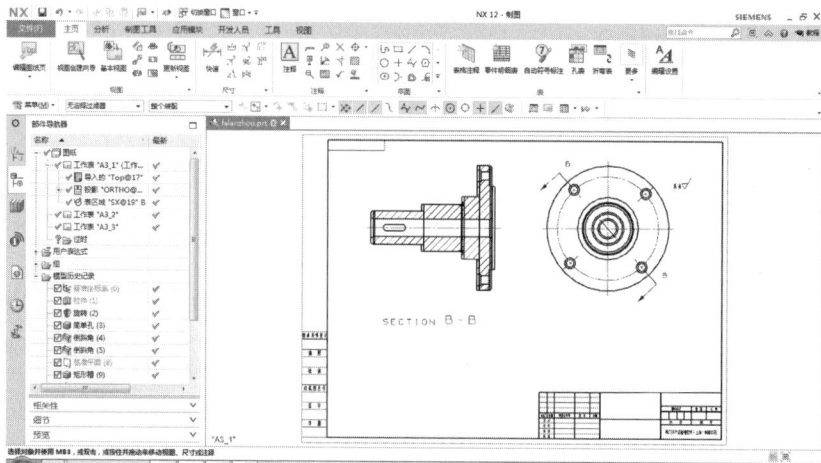

图 6-1　UG NX 制图工作环境界面

6.1.2　工程制图的一般过程

在建模完成后，对设计模型进行检查，然后按下述步骤进入制图过程。

① 打开已经创建好的部件文件，并加载建模模块及制图模块。

② 设定图纸。包括设置图纸的尺寸、比例以及投影角等参数。

③ 设置首选项。UG 软件的通用性比较强，其默认的制图格式不一定满足用户的需要，因此在绘制工程图之前，需要根据制图标准设置绘图环境。

④ 导入图纸格式（可选）。导入事先绘制好的符合国标、企标或者适合特定标准的图纸格式。

⑤ 添加基本视图。例如主视图、俯视图、左视图等。

⑥ 添加其他视图。例如局部放大图、剖视图等。

⑦ 视图布局。包括移动、复制、对齐、删除以及定义视图边界等。

⑧ 视图编辑。包括添加曲线、修改剖视符号、自定义剖面线等。

⑨ 插入视图符号。包括插入各种中心线、偏置点、交叉符号等。

⑩ 标注图纸。包括标注尺寸、公差、表面粗糙度、文字注释以及建立明细表和标题栏等。

⑪ 保存或者导出为其他格式的文件。

⑫ 关闭文件。

6.2　制图参数预设置

尽管 UG NX 12.0 默认安装后提供了多个国际通用的制图标准，但系统默认的制图标准中的很多选项不能满足具体制图需要，所以在创建工程图之前，一般先要对工程图参数进行预设置。通过工程图参数的预设置可以控制箭头的大小、线条的粗细、隐藏线的显示与否、标注的字体和大小等。用户可以通过预设置工程图的参数来改变制图环境，使所创建的工程图符合我国国标。这些设置只对当前文件和设置以后添加的视图有效，而对于在设置之前添加的视图则可通过编辑视图样式修改。因此，在创建工程图之前，最好先进行预设置，这样可以减少很多编辑工作，提高工作效率。

使用制图首选项命令来控制制图的默认行为，包括放置在图纸上的视图，所有制图参数和 PMI 尺寸与注释，调整文字属性、尺寸属性及表格属性等注释参数。选择菜单命令"首选项"→"制图"，弹出如图 6-2 所示的"制图首选项"设置窗口。"制图首选项"对话框中的选项可用来设置制图自动化规则和自动图纸默认条件，诸如：设置工作流、图纸和视图选项，以定制与"制图"环境的交互；控制制图视图的外观、更新方法、组件加载行为以及视觉特性；控制制图注释与尺寸的格式，以及保留的注释与尺寸的行为与外观；控制表和零件明细表的格式。

下面介绍几个常用的首选项参数设置。

图 6-2　"制图首选项"对话框

6.2.1　公共参数设置

（1）原点参数设置

原点工具可对制图注释使用更精确的放置方法。使用原点工具命令中的选项可放置相对于几何体的注释或尺寸、其他注释或尺寸或者视图。原点工具的一个特定用法是将某个线性尺寸的箭头与平行线性尺寸的箭头对齐。各种标注的定位及对齐可以通过"原点"设置，一般使用默认状态而不需要设置，有时需要按一定形式标注，例如需要尺寸线水平箭头对齐，就需要选择对齐方式。

选择菜单命令"编辑"→"注释"→"原点"，系统弹出如图6-3所示的"原点工具"对话框。

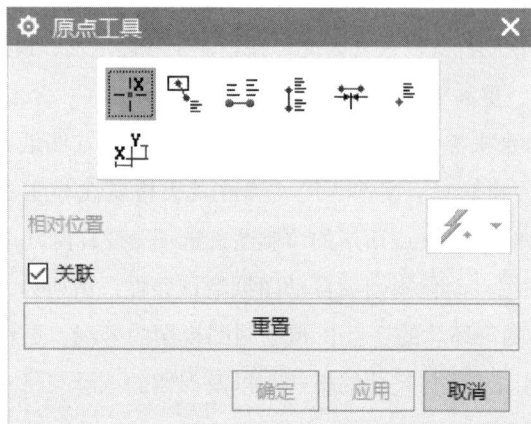

图6-3 "原点工具"对话框

"原点工具"对话框中的各选项含义如下。

拖动 ：由光标决定标注对象的原点位置，如果"关联"设为"√"，则标注的对象与点的位置相关。

相对于视图 ：标注的对象与制图的成员视图相关，标注对象随之变化。

水平文本对准 ：字符与一个已有制图对象水平对齐。

竖直文本对准 ：字符与一个已有制图对象竖直对齐。

对准箭头 ：尺寸标注的箭头与一个已有的箭头对齐。

点构造器 ：利用辅助选点方法，相对于点标注制图对象。

偏置字符 ：字符与一个已有制图对象偏置。

重置关联：取消对当前已选注释的选择，将原点与目标几何体、注释或尺寸关联，以便在目标位置移动时，原点也会移动以保持相对位置。

（2）文字首选项

标注文字首选项可设定文本之间的对齐方式、字体、字符大小、颜色等属性。单击"制图首选项"对话框中的文字选项卡，出现如图6-4所示的"制图首选项"（文字）对话框。

图 6-4　"制图首选项"（文字）对话框

· 对齐

对齐位置：指定字符的参考点，当进行定位时，以参考点作为定位的基准点。

文本对正：对于多行的字符，指定对齐方式，有左对齐、中对齐、右对齐。

· 文本参数

颜色：设定文字的颜色。

字体：提供各种字体。如果输入汉字，需要单击"一般"，然后设定字体为 chinesef。在标注时可按一般的汉字输入法输入汉字。

NX 字体间距因子：控制文本字符串中的 NX 字符间距，其给定值为当前字体的字符间距的倍数。

标准字体间距因子：控制文本字符串中的标准字符间距，其给定值为当前字体的字符间距的倍数。

文本宽高比：控制文本宽度与文本高度之比。

行间隙因子：控制文本上一行的底线与文本下一行的大写顶线之间的竖直距离，其给定值为当前字体的标准间距的倍数。

· 公差框

高度因子：指定几何形位公差的框高。

（3）注释（符号）首选项

注释（符号）首选项主要设置各种符号的颜色、线型、线宽参数。单击注释（文字）首选项对话框中的符号标注选项卡，出现如图 6-5 所示的"注释首选项"（符号）对话框。

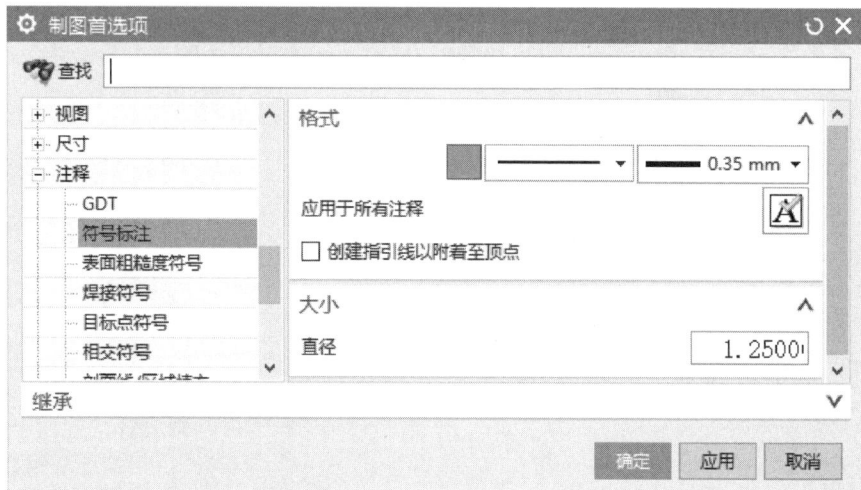

图 6-5 "注释首选项"（符号）对话框

符号类型如下。

ID：标识符号，例如装配图的零件引出号。

用户定义：用户可自定义的特殊工程符号，系统本身提供了一些特殊的符号。

中心线：视图中的中心线。

交点：线的交点，例如倒圆后不存在的交点。

目标点：指定一个任意点的属性设定，这一点可用于虚拟圆心等。

形位公差：需标注的形位公差的属性设定。

由于设计模型的修改，可能一些注释或标注对象的基准被删除，这些标注对象是否还存在，可由"保留注释"复选框控制。保留的注释或尺寸不能在制图范围内修改，只能在"制图首选项"对话框的注释选项中选择"删除保留的注释"按钮进行删除。

（4）注释参数设置

在图 6-6 所示的"制图首选项"对话框中选择"保留的注释"命令，该设置可以显示与原始几何体失去关联性的注释，保留的注释使用格式组选项中的颜色、线型和线宽选项来显示。

图 6-6 "制图首选项"（保留注释）对话框

6.2.2 视图相关设置

选择菜单命令"首选项"→"视图"，切换到"制图首选项"对话框，如图 6-7 所示。视图设置是控制与视图有关的显示特性，其内容有一般、消隐线、可见线、光顺线、理论相交线、线型与线宽、断面线、螺纹等。

图 6-7 "制图首选项"（一般）对话框

下面介绍"制图首选项"对话框中常用的预设置。

（1）常规设置

显示为参考视图：选择该复选框，投影所得的视图只有参考符号和视图边界，不能表达模型特征，如图 6-8 所示。

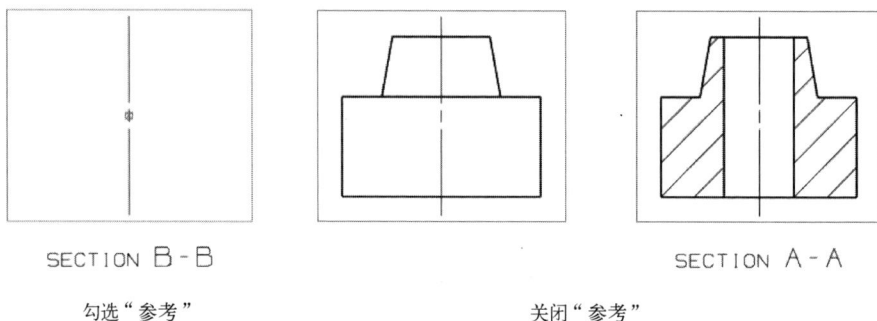

SECTION B-B

勾选"参考"

SECTION A-A

关闭"参考"

图 6-8 选择"参考"显示对比

UV 栅格：主要用于曲面显示，区别曲面特征与曲线特征，选择该复选框表示曲面上有 UV 栅格出现。

自动更新：模型修改后，控制视图是否自动更新，选择该复选框表示自动更新。

中心线：创建视图时，选择该复选框表示系统在对称位置处自动添加中心线。

（2）可见线

可见线主要控制视图轮廓线的颜色、线型与线宽，如图 6-9 所示。

图 6-9 "制图首选项"（可见线）对话框

（3）隐藏线

隐藏线常用于表达模型内部不可见轮廓线，其对话框如图 6-10 所示。

处理隐藏线：选择该复选框，表示在视图中添加隐藏线，可以选择修改隐藏线颜色、线型、线宽。国标中隐藏线是用虚线、细线来表示的，如图 6-11 所示。

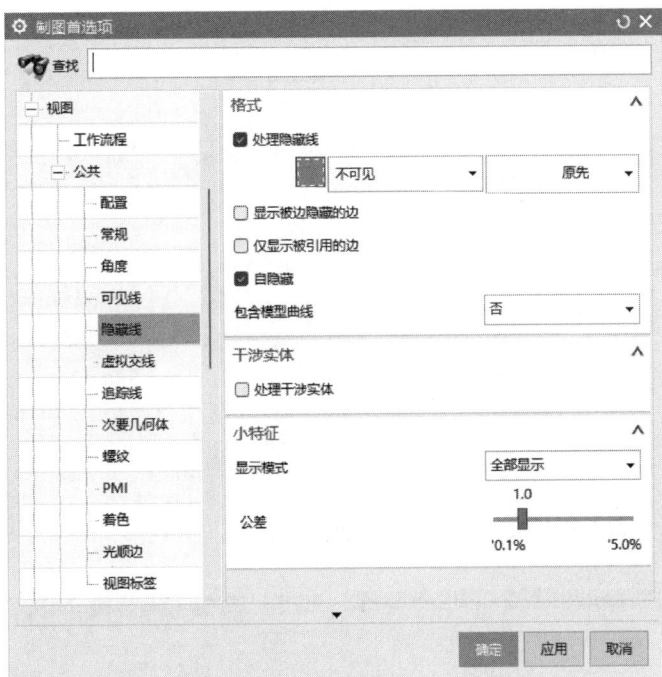

图 6-10 "制图首选项"（隐藏线）对话框

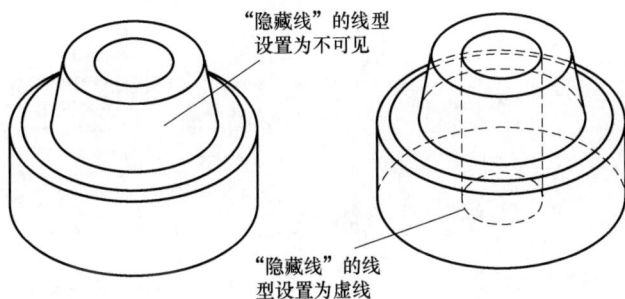

图 6-11 选择"隐藏线"显示对比

显示被边隐藏的边：当模型进行投影时，零件的棱边可能会重叠在一起，选择该复选框，则隐藏边全部显示，在制图中通常不选择。

（4）虚拟交线

虚拟交线控制模型相切处的边界显示。选择"显示虚拟交线"复选框，则显示虚拟交线，国标中是不需要显示虚拟交线的，在制图时通常不选择，如图 6-12 所示。

（5）螺纹

在绘制螺纹时，应选择国际标准的螺纹简化画法，如图 6-13 所示。

（6）剖面

剖面主要用于剖视图轮廓边和剖面线的控制，其对话框如图 6-14 所示。

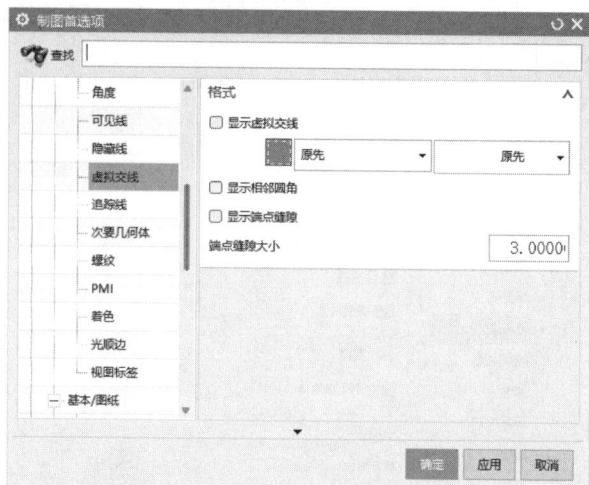

图 6-12 "制图首选项"（虚拟交线）对话框

图 6-13 "制图首选项"（螺纹）对话框

图 6-14 "制图首选项"（剖面）对话框

显示背景：用于剖切面与背面投影轮廓线的显示。选择该复选框，则显示背景线，否则只显示剖切面。

剖面线：控制剖视图中剖面线的显示，选择该复选框，则显示剖面线，同时使"处理隐藏的剖面线"和"显示装配剖面线"复选框高亮。

显示装配剖面线：用于控制装配图中剖面线方向的显示，选择该复选框，则零件与零件之间剖面线以不同的方向显示。

（7）截面线设置

截面线设置主要控制剖切线的线型、线宽、箭头大小、显示标签等内容。选择菜单命令"首选项"→"剖切线"或在"制图首选项"工具条中单击"剖切线首选项"图标，切换到截面线显示对话框，如图 6-15 所示。

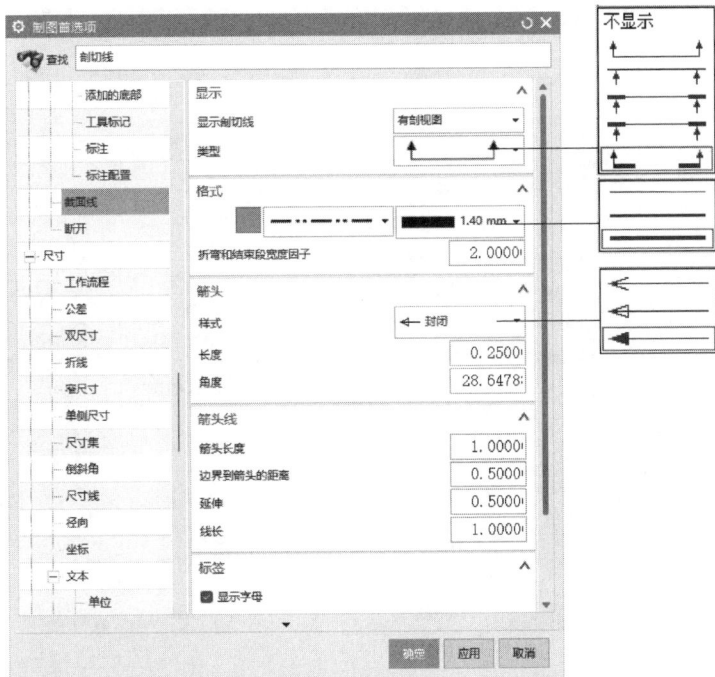

图6-15 "制图首选项"（截面线）对话框

类型建议设定国标"GB 符号"。

如果"显示字母"为"√"，则显示剖切标记，系统自动按照剖视图顺序排列标号 A，B，……。

修改已有剖切线的显示，可直接选择要修改的剖切线或单击对话框中的"选择剖视图"，选择新的样式和输入新的参数，单击"确定"按钮。如果修改剖切字母的属性，如字高、字宽等，应选择"首选项"→"注释"→"文字"→"一般"。

（8）视图标签设置

在制图中，剖视图、向视图、局部放大图都需要标号，比例视图需要标注比例值。视图标签由前缀和标签字母组成。比例标签由前缀和比例值组成。比例值与视图的实际比例关联，并在视图比例更改时更新。视图标号首选项主要控制视图标号及视图比例的显示。

选择菜单命令"制图首选项"→"基本／图纸"标签选项卡，系统切换到如图 6-16 所示的"制图首选项"（标签）对话框。

·格式

位置：确定比例标签在视图标签的上方或下方。

·标签

视图标签类型：指定视图标签名称，编辑视图标签的内容及参数。

前缀：指视图名称前缀。系统默认视图名称为 view。

图 6-16 "制图首选项"（标签）对话框

字母格式：有 A、A-A、1-A1 三种表达方式。

字母高度因子：确定视图字母与前缀字体大小的比例。

· 视图比例

控制视图比例标签参数。

图 6-17 所示是剖面视图标签和细节视图标签的示例。

（9）视图更新设置

延迟视图更新：当系统初始化图纸更新时，控制视图是否同时更新，选择该复选框表示延迟视图更新。视图更新包括：隐藏线、轮廓线、视图边界、剖视图、局部放大图。

创建时延迟更新：当在图纸中创建视图、尺寸等更新时，控制视图是否同时更新，选择该复选框表示创建时延迟更新。

显示边界：每个投影视图都有一个边界，缺省为自动边界（由系统根据视图大小所做的矩形包围圈），也可以是用户自定义的边界。如图 6-18 为打开与关闭"显示边界"选项时的视图显示。

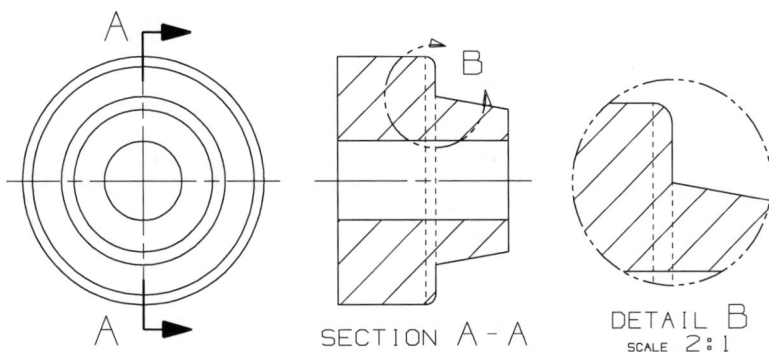

图 6-17　视图标签示例

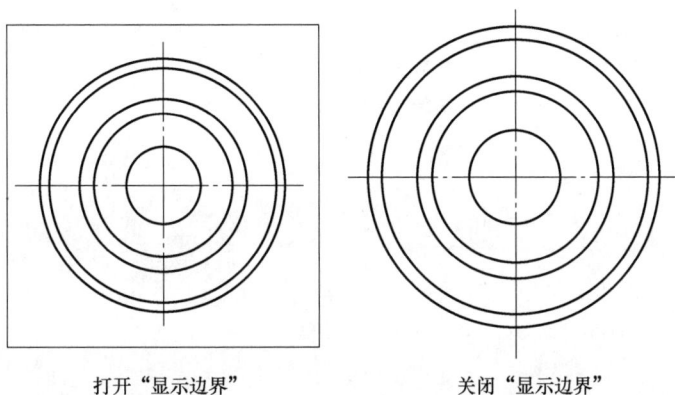

打开"显示边界"　　　　　　　关闭"显示边界"

图 6-18　打开与关闭"显示边界"对比

6.2.3　尺寸标注首选项设置

单击"制图首选项"工具条上的图标 A，系统切换到如图 6-19 所示的"制图首选项"（尺寸）对话框。

（1）公差

小数位数：单击下三角按钮选择相应数字，确定基本尺寸保留几位小数。

尺寸公差类型：单击下三角按钮选择相应公差类型。

（2）标注文本放置方式

· 尺寸线上方放置

水平的 ：尺寸字符总是水平方向放置，国标中常用来标注角度、半径、直径。

对齐的 ：尺寸字符平行镶嵌在尺寸线内。

尺寸线上方的文本 ：尺寸字符平行放置在尺寸线上方，是国标中常用的标注尺寸文本的方式。

图6-19 "制图首选项"（尺寸）对话框

垂直的 ：尺寸字符垂直镶嵌在尺寸线内。

成角度的文本 ：尺寸字符与尺寸线成任意角度放置，可在角度文本框中输入角度值。

·倒角

文本式样：确定倒角文本的式样，其类型如图6-20（a）所示。

文本与导引线位置关系：确定文本与导引线的相对位置，其类型如图6-20（b）所示。

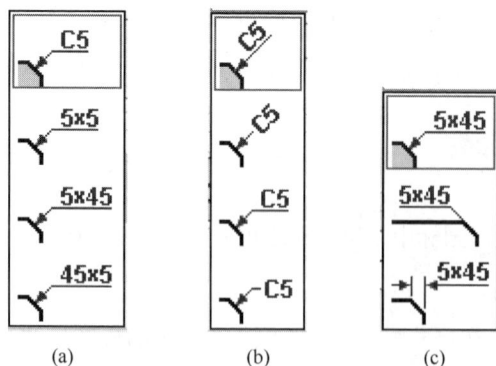

(a)　　　　(b)　　　　(c)

图6-20 倒角参数设置

导引线与倒角位置关系：确定导引线与倒角成水平或垂直的关系，其类型如图6-20（c）所示。

·窄尺寸

对于尺寸线较短的情况，尺寸字符放不下，可以指定字符的放置方法，其放置形式有5种：无、没有指引线、带有指引线、横线上的文本、横线后的文本。尺寸字符的放置位置可设置为水平或平行于尺寸线。

· 尺寸端部式样

尺寸线的端部式样有如下 8 种形式：填充的圆点、横向、无、圆点、开放的箭头、封闭的箭头、填充的箭头、圆点符号。

（3）直线 / 箭头设置

尺寸标注线由左右箭头、尺寸线、指引线构成。单击"制图首选项"对话框中的"直线 / 箭头"，出现如图 6-21 所示的"制图首选项"（直线 / 箭头）对话框。

箭头类型：左箭头←、右箭头→可分别控制样式，国标常用实心箭头。

指引线输出位置：共有 3 种类型——指引线出自顶部、指引线出自中间、指引线出自底部。

定义箭头、尺寸线、指引线的大小：按照图示输入 GB 的定义数据 A、B、C、D、E、F、G、H、I。

尺寸线颜色、线型、线宽：如果只是单独控制某个标注的左、右指引线，箭头，尺寸线的颜色、线型、线宽，可选择要设定的各部分 ▌◀━━━x.xxx━━━▶▌ 的颜色、线型、线宽，单击"应用"按钮。如果整个制图标注的尺寸线为同样的颜色、线型、线宽，则单击"应用于所有线和箭头类型"。

图 6-21 "制图首选项"（直线 / 箭头）对话框

（4）制图单位参数设置

绘图单位如图6-22所示，设置内容包括：小数点与抑制尾零，小数点用圆点表示，小数点后有效数字后的尾零不显示。公差形式，公差放在尺寸后，如3.050±0.005。标注单位，默认的单位与造型的单位一致，如果需要用其他单位标注，另外设定。角度格式可根据需要设置十进制或度分秒形式。

图6-22 "制图首选项"（单位）对话框

6.3 工程图纸的创建与编辑

6.3.1 图纸创建

在进行工程图绘制之前，应首先新建一张图纸，然后才能进行其他操作。可以点击主页功能区"新建图纸页"，弹出如图6-23所示对话框。

图纸页名称：默认名称为SHT1，…，可自行命名，如SCUT1，…。一个模型最多可以有50张图纸。

选择图幅单位：有英寸和毫米两种，GB选择毫米。

选择图纸尺寸：图纸尺寸与单位有关，当单位选为毫米时，选择标准图幅A0/A1/A2/A3/A4。如果需要特殊尺寸，可以在高度和长度框内输入具体的尺寸值，例如图纸横放、竖放的调整可直接输入相应的数值。

选择绘图比例：绘图比例是全局比例，每个视图的比例如需分别控制，可在相应的对话框中指定。

选择投影角：有第三象限角投影和第一象限角投影两种投影方式。GB 选择第一象限角投影。

（1）打开已有图纸

对于多张图纸，需要浏览某一张图纸，可以在图纸布局工具条中，单击"打开图纸"图标![icon]，弹出"打开图纸页"对话框，如图 6-24 所示，在对话框中选择要打开的图纸名，单击"确定"按钮完成。

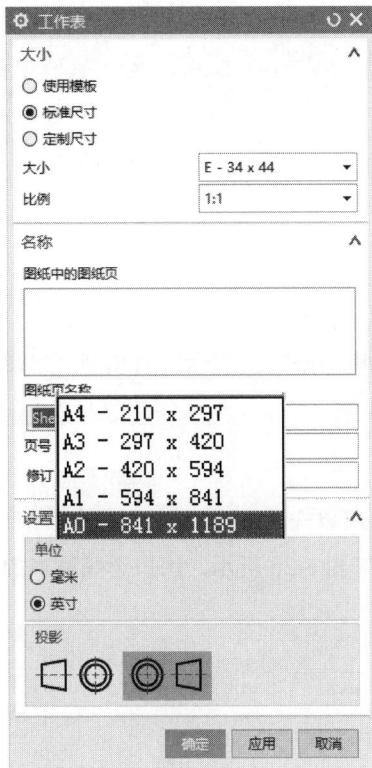

图 6-23 "工作表"对话框

图 6-24 "打开图纸页"对话框

（2）编辑图纸

如果在制图过程中发现图纸大小、制图比例、单位等项目不适合模型的表达要求，可对图纸进行编辑。

在"部件导航器"中选择工作表并右击，在弹出的快捷菜单中选择"插图"命令，系统弹出"工作表"对话框，利用该对话框可以编辑已存图样的参数。选择菜单命令"编辑"→"图纸页"或单击制图编辑工具条中的图标![icon]，弹出"编辑图纸"对话框。可针对已有图纸参数进行修改。编辑图纸只能对图纸新建项目中的参数编辑，对图纸视图的内容不起作用。

（3）删除图纸

当需要删除某张图纸时，可以单击"图纸布局"工具条中的图标 ，弹出对话框，选择要删除的图纸名，单击"确定"按钮即可。

6.3.2　生成常用视图

当图纸确定以后，进行视图投影。视图是表示零件信息的载体，图纸空间的视图都是模型空间的复制，而且仅存在于所显示的图纸上。添加视图是生成视图的基本过程，有关视图操作和管理的功能按钮如图 6-25 所示。

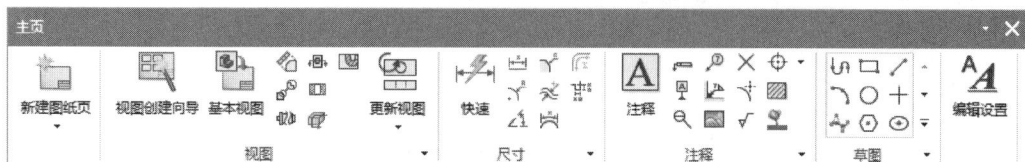

图 6-25　操作及管理功能按钮

（1）添加基本视图

添加基本视图一般用于生成第一个视图，它来自模型空间当前运行的模型。用户生成视图时，从标准视图列表中选取一个视图作为第一个视图，这个视图应能最清晰地表达设计意图。

选择菜单命令"插入"→"视图"→"基本视图"或单击图纸布局工具条中的图标，系统自动以当前建模窗口中的模型来创建基本视图，如图 6-26 所示，用户选择适当的位置将其作为主视图。

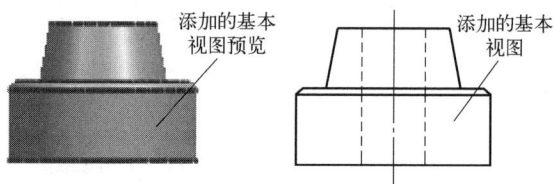

图 6-26　添加基本视图

系统在创建基本视图的同时弹出如图 6-27 所示的编辑对话框。对话框中的选项说明如下。

部件：该区域用于加载部件、显示已加载部件和最近访问的部件。

视图原点：该区域主要用于定义视图在图形区的摆放位置，例如水平、垂直、鼠标在图形区的单击位置或系统的自动判断等。

模型视图：该区域用于定义视图的方向，例如仰视图、前视图和右视图等；单击该区域的"定向视图工具"按钮，系统弹出"定向视图工具"对话框，通过该对话框可以创建自定义的视图方向。

比例：用于在添加视图之前为基本视图指定一个特定的比例。默认的视图比例值等于图样比例。

设置：该区域主要用于完成视图样式的设置，单击该区域的"插图"按钮，系统弹出"设置"对话框。可以改变模型空间放置的位置，确定视图的投影方向，单击定向视图工具图标弹出如图 6-28 所示的对话框。

图 6-27 "基本视图"对话框

图 6-28 "定向视图工具"对话框

移动视图：可以对图纸中的一个和多个视图进行移动。

（2）添加投影视图

投影视图是根据第一个视图的位置在图形区内投影任意角度的视图，既能投影三视图，又可投影沿任意角度的向视图。

选择菜单命令"插入"→"视图"→"投影视图"或单击图纸布局工具条中的图标 ，这时系统默认第一个视图为父视图，或直接在图形窗口中选择父视图，然后点击鼠标右键，出现如图 6-29 所示对话框，选择菜单中的"添加投影视图"，系统在鼠标位置显示投影图，用户可根据模型特征的需要，在相应位置单击鼠标左键，确定投影视图的摆放位置。若是投影三视图，则在父视图垂直或水平位置选择视图摆放点，如图 6-30 所示。

（3）局部放大图

将图中某一部分放大，清楚表达模型局部详细特征，可以采用局部放大图。放大的边界可以为圆形，也可以为矩形。

选择菜单命令"插入"→"视图"→"局部放大图"或单击图纸布局工具条中的图标 ，或直接在图形窗口中选择父视图，然后点击鼠标右键，选择菜单中的"添加局部放大图"，图 6-31 为局部放大图示例。

图 6-29 "投影视图"对话框

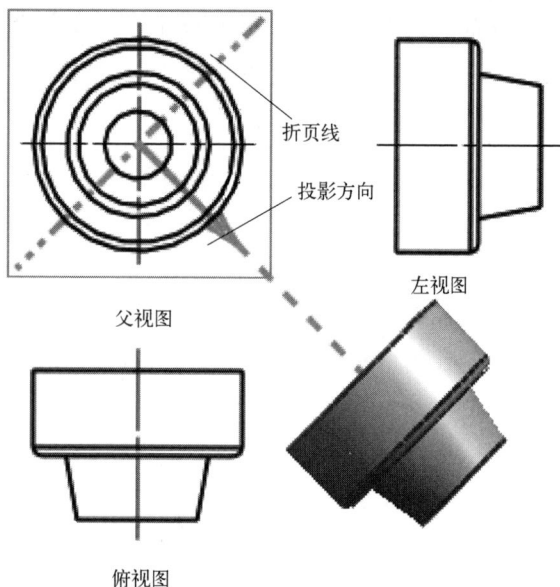

图 6-30 投影视图位置设置

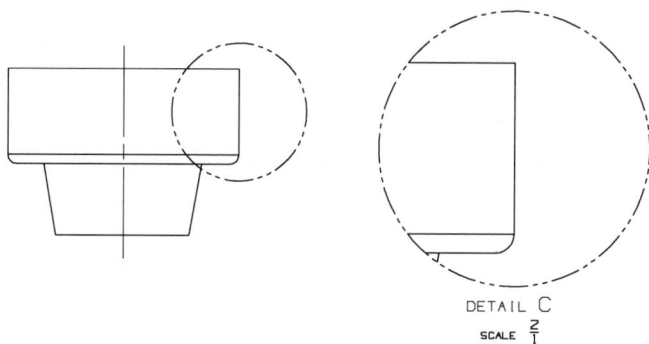

图 6-31 局部放大图

操作过程：

·单击局部放大图图标，选择局部放大图比例。

·如果采用圆形边界，选择图标，在父视图上指定一个点作为圆心，移动光标画出一个圆边界，直到要放大的内容包含在内，按下鼠标左键，用光标在一个新位置指定局部放大图的位置，得到如图 6-31 所示的局部放大图。

·如果采用矩形边界，选择图标 ，选择父视图，并移动光标框出一个矩形，直到要放大的内容包含在内，用光标在一个新位置指定局部放大图的位置。

6.3.3 剖视图

剖视图是对部件部分进行切割以展示其部分或全部内部特征的视图。生成剖视图时，剖视图取决于父视图和父视图中的剖切线。因此，如果删除父视图，剖切线和剖视图也会删除。UG NX 提供了 4 种剖视图绘制方法，包括剖视图、半剖视图、旋转剖视图和其他剖视图。剖视图操作中的概念有剖切线。剖切线是由剖切段、折弯段、箭头段组成，如图 6-32 所示。

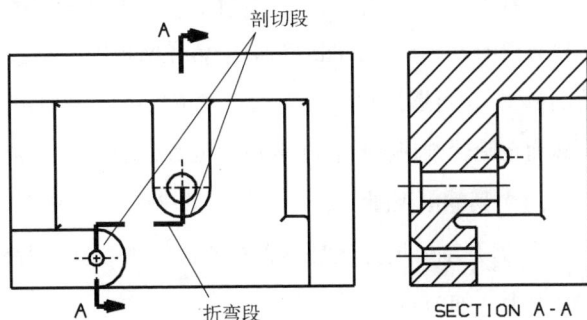

图 6-32　剖切线各段的意义

（1）剖视图 / 阶梯剖

简单剖视图由穿过部件的单一剖切段组成。剖切段平行于铰链线，并具有两个表示视线方向的箭头线段。剖视图 / 阶梯剖包含一个剖切段和 2 个箭头段，用一个剖切平面或阶梯剖切平面通过零件。

选择菜单命令"插入"→"视图"→"剖视图"或单击图纸布局工具条中的图标 ，选择父视图，或直接在图形窗口中选择父视图，然后点击鼠标右键，选择菜单中的"添加剖视图"，再定义剖切位置，移动光标确定剖视图放置在合适的位置，如图 6-33 所示。

（2）半剖视图

半剖视图用于对称零件，它由一个剖切段、一个箭头段和一个折弯段组成，最终将剖视图和未剖部分展现在一个平面上。

选择菜单命令"插入"→"视图"→"半剖视图"或单击图纸布局工具条中的图标 ，选择父视图，或直接在图形窗口中选择父视图，再定义切割位置，选择圆心定义折弯位置，移动光标确定半剖视图放置在合适的位置，如图 6-34 所示。

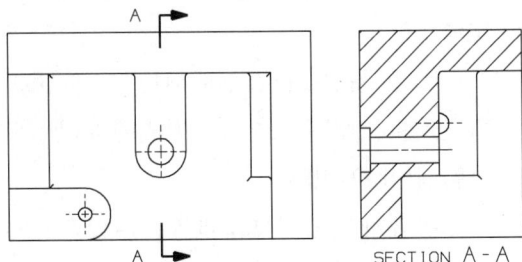

图 6-33　剖视图

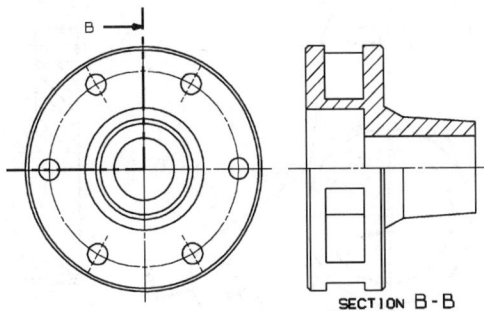

图 6-34　半剖视图

（3）旋转剖视图

旋转剖视图包含 2 段，每段由若干个剖切段、折弯段和箭头段组成，它们相交于旋转中心，剖切线都绕同一个旋转中心旋转，所有的剖切面展开在一个公共平面上。

选择菜单命令"插入"→"视图"→"旋转剖视图"或单击图纸布局工具条中的图标 ，选择父视图，或直接在图形窗口中选择父视图，然后点击鼠标右键，选择菜单中的"添加旋转剖视图"，再选择圆心定义旋转点位置，确定剖切段位置，再确定剖切段另一位置，移动光标确定旋转剖视图放置在合适的位置，如图 6-35 所示。

（4）其他剖视图

① 展开剖　展开剖是不含折弯段的连续剖切段相接的剖切方法，最终将它们展开在一个平面上，如图 6-36 所示。

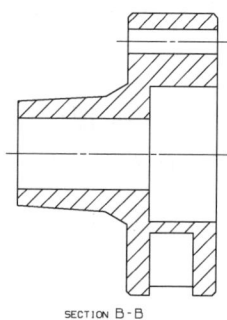

图 6-35　旋转剖视图

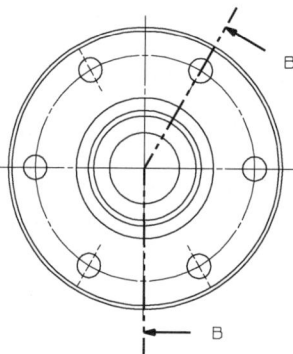

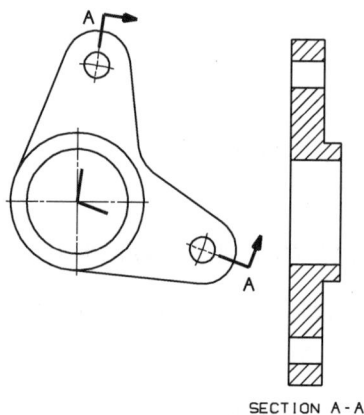

图 6-36　展开剖

展开的剖切线：点到点，指定若干点，通过连接这些点，形成各个剖切段。

段和角度：用各段的角度指定剖切段。每定义一个剖切段，输入一个角度，角度值是关于 XC 轴测量的，箭头段自动与两端的剖切段垂直。

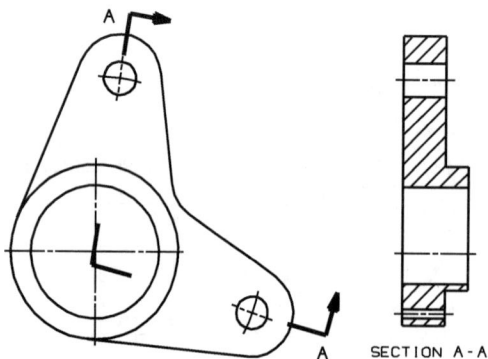

图 6-37　折叠剖

指定剖视图的放置位置后，如要移动剖视图，单击"移动"按钮，重新用光标定位。

② 折叠剖　折叠剖的剖切段之间由折弯段连接，如图 6-37 所示生成的剖视图只投影剖切段的视图。

折叠剖视图的操作步骤、参数意义与展开剖类似。不同之处是，折叠剖是以剖切段投影生成的剖视图，而展开剖是把整条剖切线包括剖切段与折弯段展开投影而生成的剖视图。

③ 轴测图中的全剖 / 阶梯剖 前面的剖视图都是来自对二维父视图的剖切。而轴测图中的全剖 / 阶梯剖，是轴测图为父视图生成全剖视图或阶梯剖视图，其生成的剖视图与前面介绍的剖视图一样。

图 6-38 是轴测图中阶梯剖的例子，在操作过程中要对图形理解清楚，正确指定各部分的方向和位置。

选择要剖切的父视图，例如选择图 6-38 中的轴测图。系统提示选择箭头矢量方向，即从这个矢量方向去看视图，它与剖面必须是垂直的，其作用类似于折页线，例如图中指定 +YC 方向为箭头矢量方向（或单击与箭头矢量方向平行的线段，如方向相反，则单击"矢量反向"按钮），单击"应用"按钮。

选择剖切矢量（切削矢量）方向，剖切面将与这个矢量平行，且视图的放置方向与这个矢量一致。例如图中指定 -ZC 方向为切削矢量方向（或单击与切削矢量方向平行的线段，如方向相反，则单击"矢量反向"按钮），单击"应用"按钮。

定义切割位置，还可指定箭头位置、折弯位置，单击"确定"按钮。指定剖视图的放置位置。如要移动剖视图，单击"移动"按钮，重新用光标定位。

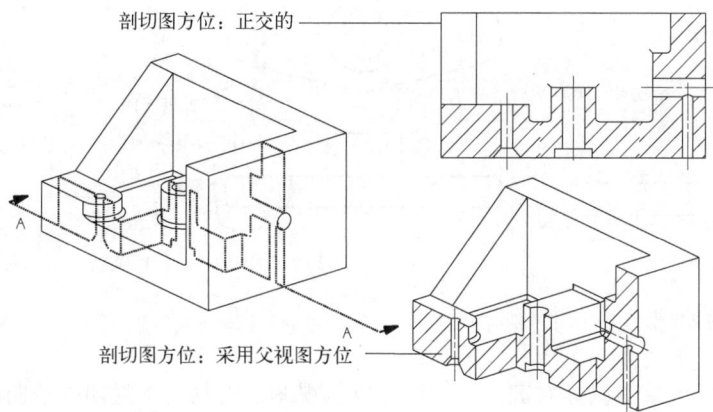

图 6-38 轴测图中的阶梯剖

轴测图中全剖的操作步骤与轴测图中的阶梯剖一样，只是全剖在选择切割位置时只需选择一处。

6.3.4 轴测图中的半剖

轴测图中的半剖与轴测图中的全剖 / 阶梯剖的操作步骤类似，只是半剖只剖一部分视图，只有一个剖切段、一个折弯段和一个箭头段。

图 6-39 "局部剖"对话框

（1）局部剖

轴测图的局部剖是在不影响三维模型的情况下把轴测图剖开一部分来表达模型内部的情况。剖切立体图的原理是给定一个参考点，用曲线生成一个封闭的区域，该区域按照用户指定的拉伸方向拉伸出一个实体，并对这个零件用布尔运算减去拉伸的实体得到剖切图。

选择菜单命令"插入"→"视图"→"局部剖视图"或单击"图纸布局"工具条中的图标，选择要剖切的视图，弹出如图 6-39 所示的"局部剖"对话框。

创建：用于创建多个相关的局部剖。编辑：用于编辑所创建的局部剖。删除：用于删除所创建的局部剖。在零件设计好后，进入图纸空间，添加基本视图和投影视图，如图 6-40所示。

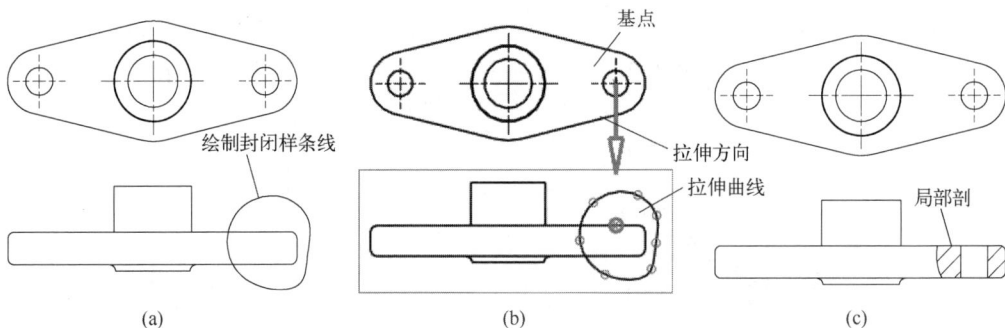

图 6-40　投影图的局部剖

在投影视图上单击鼠标右键，进入扩展成员视图，绘制一条封闭样条曲线作为局部剖的边界，如图 6-40（a）所示。单击 MB3 →"扩展"，回到视图空间。

选择如图 6-40（b）所示的圆心作为基点，定义拉伸矢量，如反向则单击"矢量反向"按钮。

在图 6-40（b）上单击"选择"曲线图标，选择拉伸曲线，如一条样条曲线。单击"应用"按钮，得到如图 6-40（c）所示的投影图的局部剖视图。

（2）断开剖

断开剖视图是将图形的一部分去掉，以节省绘图空间和美观视图，将它们表达在一个视图中。

断开剖视图的功能是：将一个图形打断拆开为几个区域，其中一个为主区域，它是原视图的一部分，其他为打断的各小区域，这些小区域与主区域拼合要一起形成新的视图。

选择菜单命令"插入"→"视图"→"断开视图"或单击图纸布局工具条中的图标 ⟨⟩⟨⟩，弹出如图 6-41 所示的"断开视图"对话框。

曲线类型：视图上的打断符号的形状定义，如图 6-41 所示。其中前 3 种形状由用户设计，后面的几种是确定的形状。前 3 种的功能是：选择，选择一个已存在的曲线作为打断符号。复制，复制一个已存在的曲线作为打断符号。创建，产生一个样条曲线作为打断曲线。

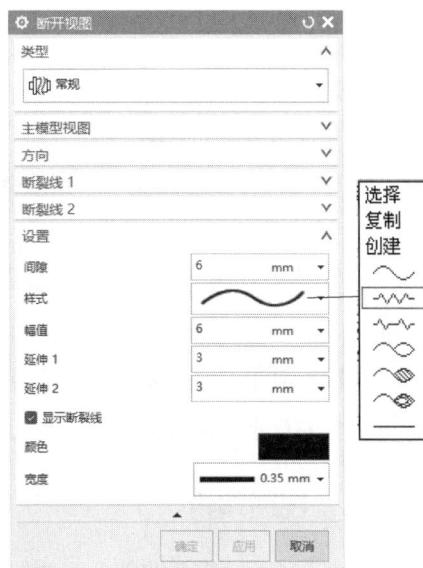

图 6-41 "断开视图"对话框

加断开区域 ⟨⟩⟨⟩⟨⟩：加断开区域用来定义打断区域，并将其加入视图中，生成一个打断区域视图。

替换断开边界 ⟨⟩：在一个已经打断的视图中，选择要替换的区域，定义一个新区域，则新区域代替旧区域。

移动边界点 ⟨⟩：移动边界点，拖动构成区域的边界曲线上的点，改变区域的形状。

锚点 ⚓：该点把边界区域定位在模型的点上。

定位断开区域 ⟨⟩⟨⟩：修改断开区域的位置，使其相对于另一区域进行定位。

删除断开区域 ✕：选择一个断开区域，选择 ✕，单击"应用"按钮，单击"显示图纸页"，视图回到未打断状态。断开剖示例如图 6-42 所示。

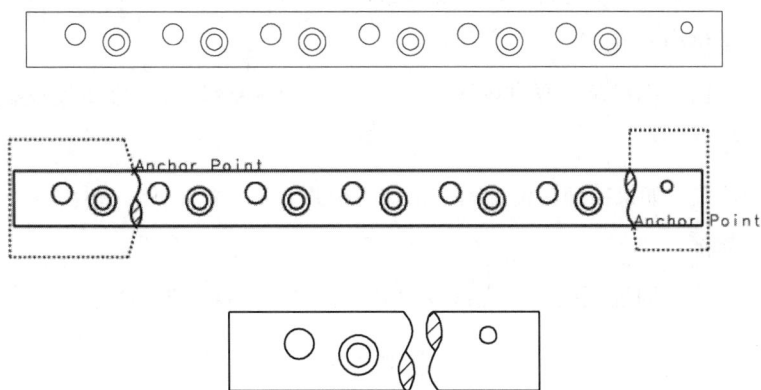

图 6-42 断开剖

操作步骤如下:

① 单击图标 [图标]。

② 选择要打断的视图,进入成员视图,选择打断符号 [符号]。

③ 画打断符号:选择"点在曲线上"图标 [图标],定义要打断的起点、终点,产生打断符号。

④ 连续画直线,最后一点与起点重合,画出左端一个封闭区域作边框,单击"应用"按钮。

⑤ 同样画出右端封闭区域,单击"应用"按钮。

⑥ 在对话框底部选择"显示图纸页",完成断开剖。

6.3.5　视图编辑

视图生成后,需要调整视图的位置、删除视图、改变视图的参数等,这些内容归结为视图编辑。

(1)移动/复制视图

移动/复制视图用来调整视图的位置,移动/复制视图有多种形式。

选择菜单命令"编辑"→"视图"→"移动/复制视图"或单击图纸布局工具条中的图标 [图标],弹出如图 6-43 所示的"移动/复制视图"对话框。

至一点 [图标]:移动到制图区内任一点,单击鼠标左键确定位置。

"水平的" [图标]:保证视图沿水平方向移动。

"竖直的" [图标]:保证视图沿竖直方向移动。

垂直于直线 [图标]:视图的移动方向是沿着与折页线垂直的方向移动。

至另一图纸 [图标]:将视图移动到另一图纸上。

复制视图:复制被移动的视图,可在视图名处输入复制视图名称。

距离:确定移动的距离。

如果复制视图,则指定"复制视图"为"√"。选择要移动/复制的视图,选择 5 种移动方法中的一种。

指定视图位置,如果精确定位视图,指定"距离"为"√",输入距离值。

(2)对齐视图

对齐视图是将不同视图按照一定条件对齐,其中一个视图为静止视图,与之对齐的视图为对齐视图。

选择菜单命令"编辑"→"视图"→"对齐视图"或单击图纸布局工具条中的图标 [图标],弹出图 6-44 所示的"视图对齐"对话框。

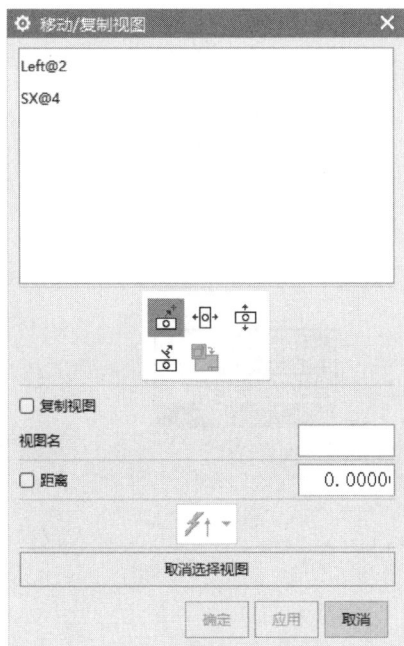

图 6-43 "移动 / 复制视图" 对话框

图 6-44 "视图对齐" 对话框

对齐点选项：选择对齐点有 3 种方法。模型点，选择模型上的点。视图中心，各视图的中心点。点到点，以指定点为对齐对应点。

对齐类型：叠加 $\boxed{\cdot}$，对应点重合，视图重叠在一起。水平 $\boxed{\cdot}$，基准点水平对齐。竖直 $\boxed{\cdot}$，基准点垂直对齐。垂直于直线 $\boxed{\cdot}$，两个基准点的连线与一条直线垂直。自动判断 $\boxed{\cdot}$，根据用户选择的静止视图的方位，系统自动推断可能的对齐形式。

操作步骤如下：

① 选择对齐点选项："模型点""视图中心""点到点"。

② 选择静止视图上的点。选择要对齐的视图，注意光标落在对应点上。

③ 选择 5 种对齐类型之一："叠加""水平""竖直""垂直于直线""自动判断"。单击"应用"或"确定"按钮。

（3）视图边界

系统为每一个视图都定义了一个矩形的视图边界，它的大小是根据模型的最大尺寸确定的，并且在视图刷新时自动调整。

选择菜单命令"编辑"→"视图"→"视图边界"或单击图纸布局工具条中的图标 $\boxed{\cdot}$，弹出如图 6-45 所示的"视图边界"对话框。

创建边界类型：断面线 / 局部，用户自定义边界代替原有边界（在扩展成员视图内绘制新边界）。手工生成矩形，用户自定义矩形大小确定视图边界。自动定义矩形，系统原来默

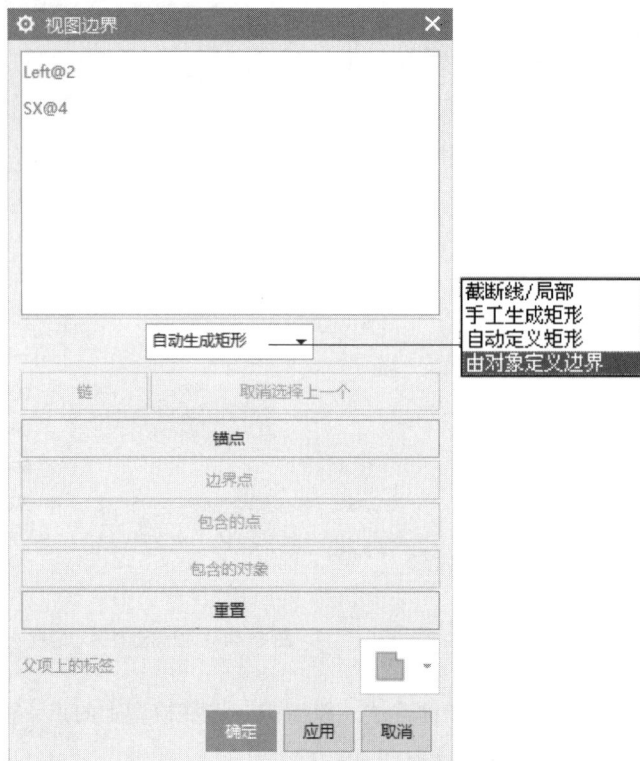

图 6-45 "视图边界"对话框

认的视图边界。由对象定义边界，设计模型改变后，视图边界内的图形仍然包括所选择的几何对象。

创建点类型：锚点，产生一个与模型相关的点，该点把边界区域定位在模型的点上，控制要显示的内容在边界内。边界点，将断面线/详细的边界与模型特征建立相关，当模型修改后，视图边界相对模型改变，保证尺寸和位置修改后的模型几何仍在视图边界内。包含的点，在有对象定义边界视图的情况下，哪些点需要包含，直接选择即可。包含的对象，在有对象定义边界视图的情况下，哪些对象需要包含，直接选择即可。重置，取消当前所选择的内容，重新回到"视图边界"对话框，选择要编辑的参数。

（4）视图更新

更新视图 🔲 是指设计模型修改后，用户可以控制对修改后的视图进行更新。单击图纸布局工具条中的图标 🔲，弹出如图 6-46 所示的"更新视图"对话框。

如果模型有了修改而没有更新，会在屏幕的左下角出现过时信息，此时可根据对话框的选择条件进行更新。过时：更新修改过的视图。过时的自动更新：可自动更新视图。全部：对图纸上所有视图更新。

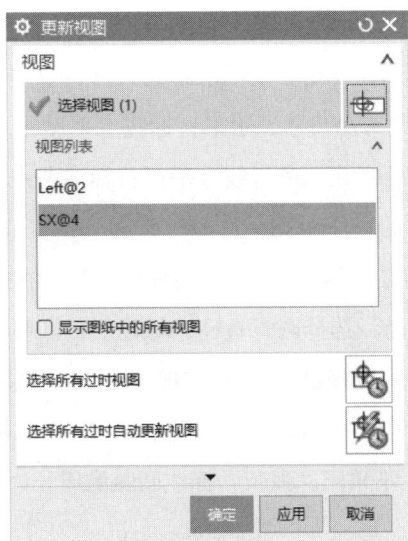

图 6-46 "更新视图"对话框

6.4 尺寸标注

尺寸标注用于表达实体模型尺寸值的大小。在 UG NX 中，制图模块与建模模块是相关联的，在工程图中标注的尺寸就是所对应实体模型的真实尺寸，因此无法直接对工程图的尺寸进行改动。只有在建模模块中对三维实体模型进行尺寸编辑，工程图中的相应尺寸才会自动更新，从而保证了工程图与三维实体模型的一致性。尺寸标注对象与视图相关，与设计模型也相关，模型修改后，尺寸数据自动更新。尺寸标注与尺寸修改大部分是在相同对话框下操作。尺寸标注是工程图中一个重要的环节，本节将介绍尺寸标注的方法及注意事项。

6.4.1 尺寸标注的常用功能

尺寸标注可以选择菜单命令"插入"→"尺寸"，也可以选择如图 6-47 所示"尺寸"功能区命令按钮进行标注。

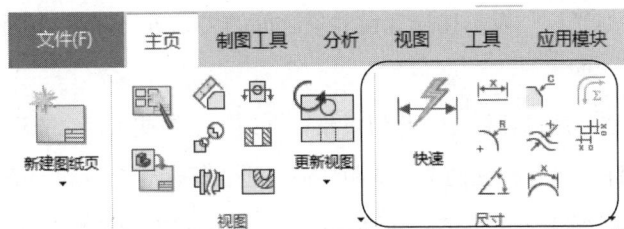

图 6-47 "尺寸"功能区

（1）尺寸标注工具条及尺寸标注类型

自动判断的尺寸：允许用户使用系统功能创建尺寸，以便根据用户选取的对象以及光标位置自动判断尺寸类型创建一个尺寸。水平：标注水平尺寸，可选择一条直线或两个点。竖直：标注竖直尺寸，选择两点或一条直线。平行：标注两点间最小距离，选择两点或直线。垂直：标注一点到直线的最小距离，选择一点和一条直线。倒斜角：标注倒角尺寸。角度：标注两直线夹角的角度。柱面副：标注圆柱形直径，在尺寸前添加直径符号 Φ，选择两点标注。孔：标注孔直径，选择圆。直径：标注圆或圆弧的直径，选择圆或圆弧。半径：标注半径不指向圆心，可选择圆或圆弧，GB 不采用。过圆心的半径：标注的半径指向圆心，选择圆。带折线的半径：标注一个虚拟圆心的半径，主要用于大半径的圆。厚度：标注两个同心圆半径差，GB 不采用。弧长：标注圆弧的周长，选择圆弧。坐标：标注点相对于原点的（X，Y）坐标值。

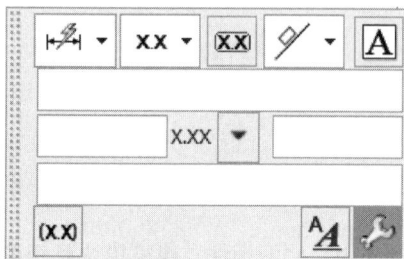

图 6-48　标注编辑工具条

（2）标注悬浮工具条及下拉菜单

选择标注类型后，在制图区域左上角出现悬浮工具条及选择工具条，弹出的下拉菜单如图 6-48 所示。

尺寸样式：设置标注的各项参数，包括尺寸、直线、箭头、文字、单位的设置。尺寸精度：确定基本尺寸精度，即基本尺寸保留几位小数。如果需要标注的尺寸为整数，系统默认消除后续零。尺寸公差：按照图 6-48 最下面一条方式编辑尺寸公差。注释编辑器：根据不同的表达需要可在尺寸上下、左右添加标记和文本。在标注工具条中单击"注释编辑器"按钮，弹出如图 6-49 所示对话框。

注释编辑器中有：文本编辑区，主要用于文本的编辑，包括文本剪切、复制、保存等。附加文本区，设置附加文本添加位置，可以放在尺寸值的上、下、左、右 4 个方向。文本输入区，在此栏输入文本内容。符号添加区，根据表达需要选择相应的符号。

6.4.2　距离的尺寸标注

自动标注：根据光标位置和选择几何对象之间的关系进行标注，系统自动判别用户的标注意图。

水平与竖直标注：选择要标注的几何对象，例如一条线或者两个点即可。

平行与垂直标注：平行标注两个点的距离值，垂直标注一个点和一条线的距离值。

链式标注：链式标注分水平链式和竖直链式，标注时连续选择标注点。链式标注尺寸间可设置偏置值，在制图空间"首选项"→"注释"→"尺寸"中进行设置。

图 6-49 "注释"对话框

基准线标注：基准线标注类似链式标注，也分为水平基准线标注和竖直基准线标注，但所有的尺寸线都是相对于一条基准线测量的。基准线标注尺寸间可设置偏置值，在制图空间"首选项"→"注释"→"尺寸"中进行设置。

6.4.3　角度标注

角度标注应当注意光标的位置选取顺序，标注值是按逆时针方向计算的，根据光标的位置可标注小角和大角。其中最下面一条为选择标注角度线的方式。备选角度：备选角度与原来的角度之和为 360°。

6.4.4　直径／半径标注

直径标注：选择圆，指定尺寸放置位置即可。

半径标注：半径分为半径和通过圆心的半径，前者不符合国标，后者的尺寸线通过圆心。选择圆（弧），指定尺寸放置位置即可。

带折线的半径：对于大半径圆弧的标注，不通过实际的圆心。它以一个标识的圆心符号（偏置圆心点或目标点）作为虚拟圆心。操作时选择要标注的圆弧，指定偏置中心点，指定折叠点，在圆弧范围内确定尺寸摆放位置即可。

偏置中心点的创建：选择菜单命令"插入"→"符号"→"实用符号"来创建。

6.4.5　尺寸标注的修改

尺寸标注的修改一般是指标注形式的修改，而不是修改尺寸值。大多数修改在编辑或首选项中的标注对话框中进行。修改的方法是选中要修改的尺寸对象，选择要修改的内容，输入新的参数，所有的修改方法都类似于尺寸标注方法。

（1）编辑注释

编辑注释可以用来编辑图中的中心线、尺寸、文本的参数值。

在制图编辑工具条中单击"编辑注释"图标，弹出一个小扳手状光标，移动光标，选择要修改的中心线、尺寸或文本，单击鼠标左键，被选中的对象高亮显示，同时弹出标注悬浮工具条，用户可根据需要进行修改。

（2）编辑文本

编辑文本可用来编辑尺寸各参数，另外还可更改尺寸值。

在制图编辑工具条中单击"编辑文本"图标，弹出一个小扳手状光标，同时弹出文本悬浮工具条，移动光标，选择要修改的文本，单击鼠标左键，弹出文本修改框，在框内对文本进行修改，修改完后关闭文本框即可。

6.5　边框与标题栏

图纸（标题栏与图纸的边框）可以做成模板，作为资源使用，放在右侧资源条中。

除此之外，用户可以直接定义边框和标题栏，使用时只要调入内存即可。它们的创建、储存方式有两个：仅图样数据和一般文件方法。

6.5.1　仅图样数据

（1）建立模式文件

以 A4 竖放图纸为例（只需首次建立）。

建立一个文件名为 A4_I 的新文件。点击标准工具条上的"起始"→"制图"或单击应用程序工具条上的图标，进入制图应用。

选择菜单命令"插入"→"图纸页"或单击图纸布局工具条上的图标，设定单位毫米，选择 A4，输入高度"297"，长度"210"。

绘制边框和标题栏。选择菜单命令"插入"→"曲线"，用直线给出边框和标题。

输入汉字设置：选择"首选项"→"注释"→"文字"→"一般"，字体选择 chinesef，颜色为白色，指定字体高度，单击"确定"按钮。输入标题栏内汉字：选择"插入"→"注释"，输入汉字。

存储文件设置：选择"文件"→"选项"→"存储选项"→"仅图样数据"，单击"确定"按钮。

存储文件：选择"文件"→"存储"，存储标题栏以备后用。

（2）使用标题栏

选择"格式"→"图样"→"调用图样"，输入各种参数如比例等，单击"确定"按钮。

选择已存储的标题栏文件名，例如 A4_I，单击"确定"按钮。

输入图样名：A4_I，单击"确定"按钮。指定标题栏的位置，单击取消按钮关闭对话框。

（3）调整标题栏位置

选择"编辑"→"变换"。

选择过滤方法："类型"→"图样"，单击"选择所有的"，单击"确定"按钮。

单击"平移"，给定平移参数，单击"移动"，单击"确定"按钮。

6.5.2　一般文件方法

一般文件方法创建、存储边框与标题栏的特点是占用内存空间较大，它是以一般的零件文件存储与使用的。

建立标题栏文件与上文建立模式文件基本相同，但不需要"设置存储格式"这一步。

选择"文件"→"导入"→"部件"，输入文件名 A4_I。指定标题栏放置位置，单击"确定"按钮。

6.6　其他制图对象

其他制图对象包括绘制中心线、ID 符号、表面粗糙度符号、用户自定义符号、形位公差标注、文本编辑、绘制表格数据、定制符号等。

6.6.1　绘制中心线

由模型转为工程图时，系统只标注对称位置的中心线，其他的中心线需要用户自己添加。

直线中心线⊕：可添加直线、圆、两条直线间的中心线。系统会自动捕捉所选择图素的中点、端点、圆心。在绘制两条直线的中心线时，应在直线中心附近点击。

完全螺纹圈 ：适用于沿圆周方向阵列的圆，依次选择要标注的小圆，中心线过点或弧的圆心，如图 6-50 所示。

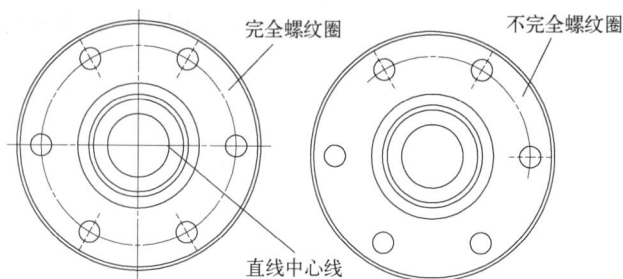

图 6-50　螺纹中心线

不完全螺纹圈 ：适合圆周阵列分布的孔，绘制部分圆中心线。中心线过点或弧的圆心，标注按照选择小圆的顺序，以逆时针方向形成弧形中心线，并且至少选择 3 点，如图 6-50 所示。

偏置中心 ：适合标注半径很大的圆，设定一个虚拟的圆心标注尺寸。偏置的距离有不同的基准：从圆弧算起的水平距离、从中心算起的水平距离、从点算起的水平距离；从圆弧算起的竖直距离、从中心算起的竖直距离、从点算起的竖直距离。

圆柱中心 ：适合圆柱类中心线的标注，创建圆柱中心线。选择要标注的圆柱，并指定中心线两端的位置。

长方体中心线 ：适用于长方体创建两条垂直中心线。

局部圆周中心线 ：意义与局部螺纹圈基本相同，只是中心线只有一段圆弧，没有垂直段。

整圆中心线 ：意义与局部圆周中心线相同，只是中心线是一个圆。

对称中心线 ：选择对称两点，在两点处添加对称符号。

目标点 ：生成一个点，并加以标记，可用在折叠半径标注的虚拟圆心上。

交点 ：倒圆角之前的交点，方便倒角、圆弧等弧形处标注尺寸。

自动中心线 ：选择要添加中心线的视图，系统自动在对称图形处添加中心线。

6.6.2　ID 符号

ID 符号主要用于装配图中标记零件的序号。

选择"插入"→"符号"→"ID 符号"或在制图注释工具条中单击"ID 符号"图标 ，弹出如图 6-51 所示的"符号标注"对话框。

标识类型：提供各种标识符号。文本为输入标识符号内的字符，如序号 1，2，…。如果标识符号分为上下两层，则可分别输入上部文本和下部文本。

引出线类型：提供各种引出线的形式，平的、带全圆符号的指引线、带短划线的指引线、指引线与箭头对齐、带全圆符号的指引线与箭头对齐、带短划线的指引线与箭头对齐、延伸线。

指定引出位置 ⟋：每单击一下 ⟋，并按一下鼠标左键，屏幕上就指定一个引出线位置，最多可以指定 7 个引出位置。

创建 ID 符号 ⑦：在屏幕上给出符号位置。如果不需要引出线，则直接标识符号。

6.6.3 表面粗糙度符号

UG 软件具有符合 GB 的表面粗糙度标注功能，但表面粗糙度符号并不是 UG 软件默认的参数，应当在启动 UG 之前在参数设定中添加。

修改 UG 参数语句，可以调出表面粗糙度标注功能：

关闭 UG 软件，在 UG 安装目录下找到文件 UG\NX12.0\UGII\ugii_env.dat。

用写字板或记事本打开文件。

把原来语句 UGII_SURFACE_FINISH=OFF 中的 OFF 改为 ON。

单击按钮 💾，保存文件。

重新启动 UG，进入制图空间，选择菜单命令"插入"→"符号"→"表面粗糙度符号"，即可打开"表面粗糙度"对话框，如图 6-52 所示。

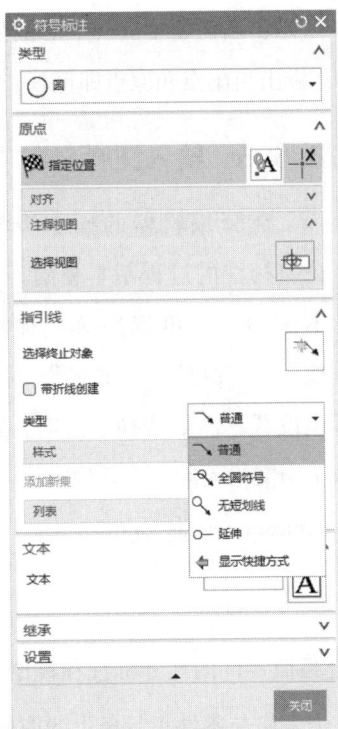

图 6-51 "符号标注"对话框

图 6-52 "表面粗糙度"对话框

（1）粗糙度类型和字符定义

有9种粗糙度符号，其中符号 ∨ 是 GB 中常用的。选择类型后，输入粗糙度值，一般仅标注 a2 位置的粗糙度值。另外可设定粗糙度是否带圆括号、粗糙度的标注单位、粗糙度符号的大小。

（2）操作过程

选择菜单命令"插入"→"符号"→"表面粗糙度符号"。

选择类型，例如单击 ∨。输入粗糙度值"3.2"。定义字符大小"2.5"。

选择标注类型：如果粗糙度符号与几何相关，选择相关标注，选择相应的几何对象。例如选择 ∨，选择尺寸延伸线或尺寸线，光标定位粗糙度在线的哪一侧，单击"应用"按钮。如果粗糙度符号与几何不相关，指定标注方向"水平" ∨ 或"竖直" ⊁。选择放置类型："在点上创建" ∨ 或"创建有指引线的" ∨，指定指引线类型，选择几何对象，例如一个点或一条引出线。

单击"应用"按钮。

6.6.4 形位公差标注

形位公差的标注是将几何尺寸和公差符号组合在一起的符号，其内容包括指引线、形位公差符号、公差尺寸、基准、公差图框。如图 6-53 所示，用户要生成一个形位公差符号，只需选择符号的框架，然后填充框架内的符号和字符，指出引出点和原点即可。

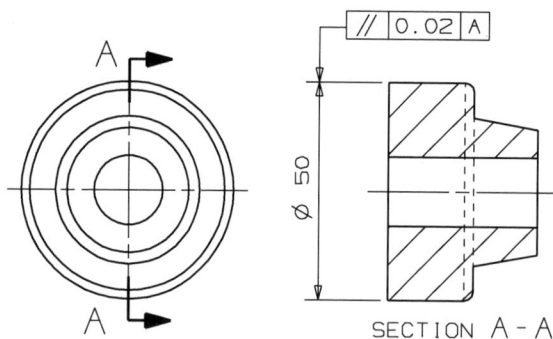

图 6-53 形位公差示例

6.6.5 输入注释文本

注释编辑器的操作步骤与形位公差标注的过程基本相同。在进行文本编辑前，可选择菜单命令"首选项"→"注释"→"文字"，对文字进行预设置。需要变换字形时，可选择用于中文输入的以下几种字体：chinesef、chineset、ideas-kanji。

6.6.6 绘制表格数据

在制图空间建立表格并显示在图纸上，特别适合相似零件的尺寸标注和视图，只需建立一份图纸，以字母标注和表格的形式表示零件。单击表格与零件工具条上的图标 ⊞，弹出空白表格如图 6-54 所示。在屏幕上指定表格放置位置。

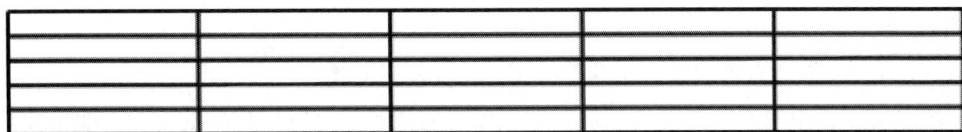

图 6-54　表格

　　用光标选择每个格，或用上下、左右箭头键在格间选择，输入数据。也可用鼠标左键单击表格，然后单击鼠标右键，调出关联菜单，如图 6-55 所示，对表格数据进行编辑。

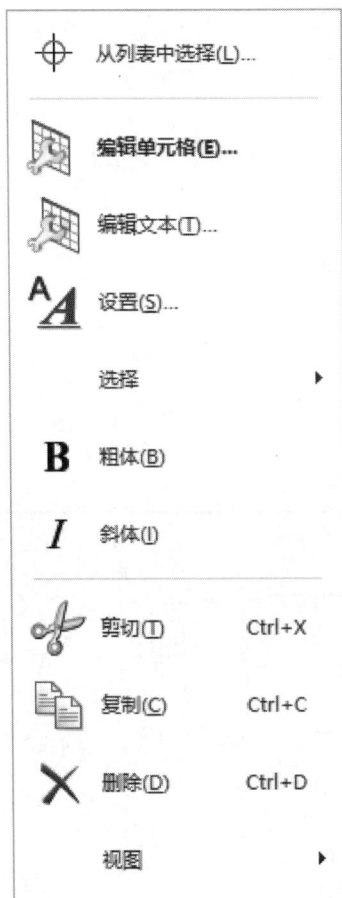

图 6-55　表格关联菜单

本 章 小 结

　　本章主要介绍工程图管理、工程视图创建与剖视图的应用、尺寸和工程图符号的标注等主要的操作功能。作为 CAD/CAM 软件，工程图功能无疑是一个用户较为关心的模块，因为它与生产加工的环节密切相关。需要注意的是，在创建和标注工程图时，一定要符合国家标准。

（1）在修改制图首选项后，图纸中的注释是否会发生变化?

答：UG NX 中修改制图首选项后，图纸原先的注释不会发生相应的变化，如果要修改某个注释，只有双击该注释，然后在工具栏中单击"设置"按钮来修改注释首选项。

（2）基本视图和投影视图有什么区别?

答：UG NX 中基本视图是按照投影角度来生成的，不同的投影角度，创建的视图也会不一样，投影视图必须选择一个视图来投影，投影的视图和选择的视图具有关联性。

（3）工程图中的尺寸标注与草图中的尺寸标注是否有差异?

答：工程图中的尺寸标注只能标注对象的尺寸，而不能控制对象的长度，而草图中的尺寸标注可以修改对象的长度，是用来约束对象的。

本 章 习 题

（1）简述 UG NX 工程图的特点。

（2）简述 UG NX 软件出图的一般流程。

（3）简述各种剖视图的创建方法。

（4）上机练习。

1）按图 6-56 要求完成工程图（包括中心线、剖视图、正交图、尺寸、技术要求、形位公差以及图框等）。

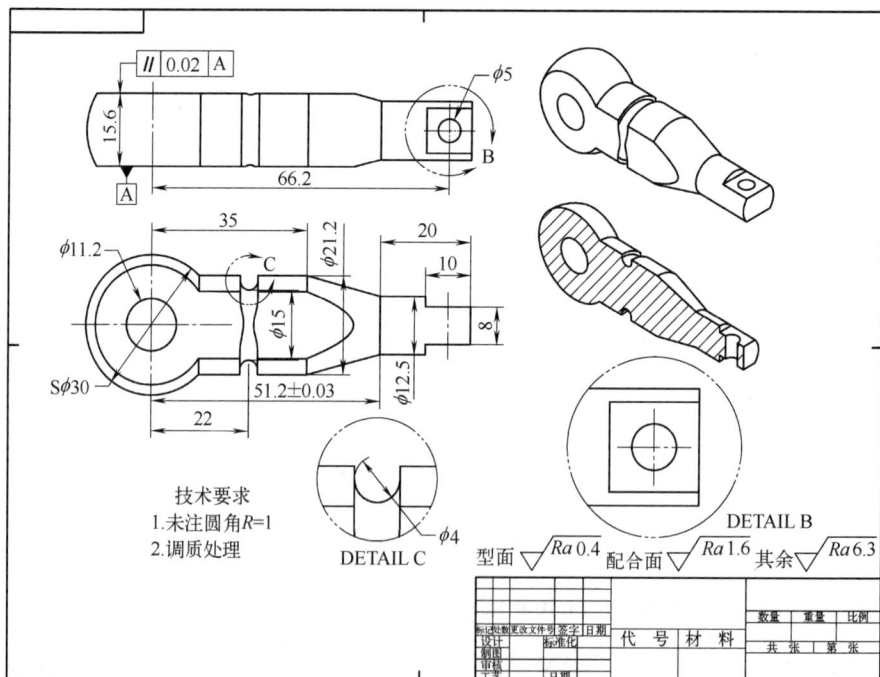

图 6-56　工程图制作练习 1

2）按图 6-57 要求完成工程图（包括中心线、阶梯剖、正交图、尺寸、技术要求、形位公差以及图框等）。

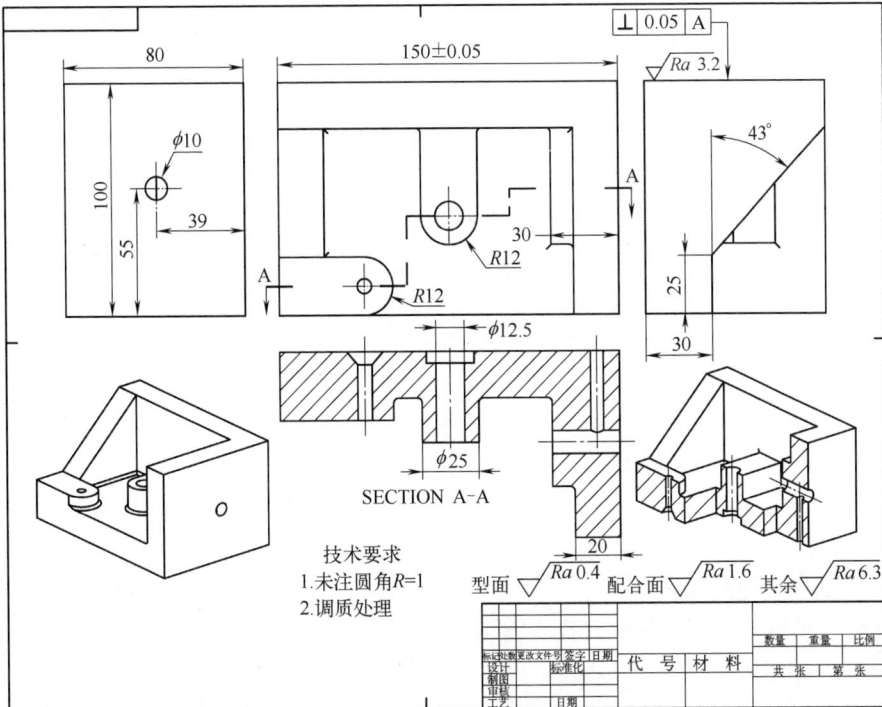

图 6-57 工程图制作练习 2